Verständliche Wissenschaft Band 94

Heinz Reuter

# Die Wissenschaft vom Wetter

Zweite neubearbeitete Auflage

Mit 44 Abbildungen

Springer-Verlag
Berlin Heidelberg New York 1978

Herausgeber Prof. Dr. Karl v. Frisch, München

Prof. Dr. Heinz Reuter
Universität Wien
Institut für Meteorologie und Geophysik
Direktor der Zentralanstalt für Meteorologie und Geodynamik in Wien
Hohe Warte 38, A-1190 Wien

| ISBN 3-540-08561-0 | 2. Auflage · Springer-Verlag Berlin · Heidelberg · New York |
| ISBN 0-387-08561-0 | 2nd edition · Springer-Verlag New York · Heidelberg · Berlin |

| ISBN 3-540-04375-6 | 1. Auflage · Springer-Verlag Berlin · Heidelberg · New York |
| ISBN 0-387-04375-6 | 1st edition · Springer-Verlag New York · Heidelberg · Berlin |

Library of Congress Cataloging in Publication Data. Reuter, Heinz, 1914—. Die Wissenschaft vom Wetter. (Verständliche Wissenschaft; Bd. 94). Includes index. 1. Meteorology. I. Title. II. Series. QC863.R47.1978.551.5.77-17912.

Das Werk ist urheberrechtlich geschützt. Die dadurch begründeten Rechte, insbesondere die der Übersetzung, des Nachdruckes, der Entnahme von Abbildungen, der Funksendung, der Wiedergabe auf photomechanischem oder ähnlichem Wege und der Speicherung in Datenverarbeitungsanlagen bleiben, auch bei nur auszugsweiser Verwertung, vorbehalten. Bei Vervielfältigungen für gewerbliche Zwecke ist gemäß § 54 UrhG eine Vergütung an den Verlag zu zahlen, deren Höhe mit dem Verlag zu vereinbaren ist.

© by Springer-Verlag Berlin · Heidelberg 1968, 1978

Printed in Germany.

Die Wiedergabe von Gebrauchsnamen, Handelsnamen, Warenbezeichnungen usw. in diesem Werk berechtigt auch ohne besondere Kennzeichnung nicht zu der Annahme, daß solche Namen im Sinn der Warenzeichen- und Markenschutz-Gesetzgebung als frei zu betrachten wären und daher von jedermann benutzt werden dürften.

Umschlagentwurf: W. Eisenschink, Heddesheim

Gesamtherstellung: Konrad Triltsch, Graphischer Betrieb, Würzburg

2131/3130-543210

# Vorwort zur zweiten Auflage

In den zehn Jahren, die seit dem Erscheinen der ersten Auflage verstrichen sind, konnte die meteorologische Forschung weitere Fortschritte erzielen vor allem im Hinblick auf die Satellitenmeteorologie und die Vorausberechnung von Feldverteilungen meteorologischer Größen (Computerkarte). Diesem Trend habe ich dadurch Rechnung getragen, daß ich das Kapitel über Wettervorhersage erweitert habe. Auch in den anderen Teilen des Buches wurden Verbesserungen und Ergänzungen vorgenommen. An dem Konzept, das der ersten Auflage zugrundegelegt wurde, hat sich jedoch nichts Wesentliches geändert. Die meisten Abbildungen wurden übernommen, drei neue hinzugefügt. Wegen der großen Beachtung, die gerade in den letzten Jahren der Luftreinhaltung und medizinisch-meteorologischen Problemen geschenkt wird, habe ich in zwei kurzen Kapiteln diese Fragen behandelt.

Im allgemeinen wurden die seit 1978 in den meisten Ländern gesetzlich vorgeschriebenen neuen internationalen Einheiten (SI-Einheiten) verwendet. In Einzelfällen, so beim Luftdruck, wurde neben der neuen auch noch die alte Einheit (mm Quecksilbersäule) angeführt. Obwohl sich die Meteorologen seit vielen Jahren der Druckeinheit Millibar bedienen, erfreut sich die Bezeichnung mm Hg als Luftdruckeinheit in der breiten Öffentlichkeit großer Beliebtheit, zumal sie auf den meisten Aneroidbarometern zu finden ist.

Ich hoffe, daß es trotz der gebotenen Kürze gelungen ist, den modernsten Stand der Wissenschaft vom Wetter zu vermitteln und kann nur hoffen, daß auch die zweite Auflage dieselbe geneigte Aufnahme bei Kritikern und Lesern finden wird, wie die erste.

Für die Überlassung der Abbildung 12 bin ich Herrn Direktor Dr. MASON vom Britischen Wetterdienst zu großem Dank verpflichtet. Herzlicher Dank gebührt auch Frau Dr. H. KOLB, die das ganze Manuskript kritisch durchgelesen, das Stichwortverzeichnis verfaßt und viele wertvolle Anregungen gegeben hat.

Wien, im Februar 1978 H. REUTER

# Vorwort zur ersten Auflage

Unter den Naturwissenschaften kommt der Meteorologie eine Sonderstellung zu. Sie ist wie kaum eine andere Wissenschaft auf gedeihliche internationale Zusammenarbeit angewiesen und Nutznießer des gewaltigen technischen Fortschrittes unseres Jahrhunderts. Die Verwendung von Radargeräten, elektronischen Rechenautomaten und nicht zuletzt der Einsatz künstlicher Wettersatelliten haben zusammen mit intensiven theoretischen Forschungen neue Einsicht gebracht und zur Revision älterer Vorstellungen geführt.

Die außerordentliche Kompliziertheit der in der Atmosphäre ablaufenden Prozesse, die das Wettergeschehen maßgeblich beeinflussen, bringt es mit sich, daß trotz größter Anstrengungen und beachtlicher Fortschritte die Treffsicherheit der Wettervorhersagen nur langsam zunimmt. Große Hoffnungen werden auf die rein mathematischen Methoden der Vorausberechnung von Druck- und Stromfeldern mit Hilfe von Hochleistungsrechenmaschinen gesetzt. Noch ist diese theoretische Entwicklung im Fluß. Aber schon die ersten im Routinedienst verwendeten „numerischen" Wetterprognosen waren ein eindeutiger Erfolg. Zum Verständnis der modernen Arbeitsweise der Meteorologen sind in zunehmendem Maße Kenntnisse der Theoretischen Physik und Mathematik erforderlich geworden.

In der vorliegenden Reihe brachte das bekannte Buch von H. v. FICKER „Wetter und Wetterentwicklung" den Stand der überwiegend deskriptiv orientierten Forschung bis zum zweiten Weltkrieg. Gerne bin ich der liebenswürdigen Aufforderung von Herausgeber und Verlag nachgekommen und habe versucht, aufbauend auf den alten bewährten Erkenntnissen der neuen Entwicklung gerecht zu werden. Mein Bestreben war es, die bisher geleistete Forschungsarbeit der Meteorologen einem größeren

Leserkreis in exakter und doch allgemein verständlicher Weise vor Augen zu führen. Ob mir dies geglückt ist, vermag ich selbst nicht zu beurteilen.

An dieser Stelle möchte ich Herrn Univ.-Dozent Dr. H. PICHLER für wertvolle Anregungen sowie für tatkräftige Hilfe bei Auswahl der beigefügten Wetterlagen und Anlegung des Sachverzeichnisses meinen herzlichsten Dank aussprechen. Für die Überlassung von Abbildungen schulde ich weiters größten Dank: Herrn Dr. W. NORDBERG, Goddard Space Flight Center Greenbelt, Maryland, Herrn C. L. BRISTOR und L. F. HUBERT, National Environmental Satellite Center, Washington D.C., Herrn N. B. WARD, National Severe Storm Laboratory, Oklahoma, Herrn Prof. Dr. K. HINKELMANN, Deutscher Wetterdienst, Offenbach, und Herrn Prof. Dr. F. WIPPERMANN, Technische Hochschule Darmstadt.

Wien, im August 1968               H. REUTER

# Inhaltsverzeichnis

1. Das Wetter als physikalischer Prozeß . . . . . . . . . 1
2. Die Lufthülle der Erde . . . . . . . . . . . . . . . 7
3. Die Sonne als Energiequelle . . . . . . . . . . . . 18
4. Die Entstehung der Luftströmungen . . . . . . . . 31
5. Wolken und Niederschlag. Der Wasserkreislauf . . . 53
6. Luftmassen und Wetterfronten . . . . . . . . . . . 78
7. Wellen, Wirbel und Wirbelstürme . . . . . . . . . 87
8. Die Tiefdruckgebiete und die planetarischen Wellen in den mittleren Breiten . . . . . . . . . . . . . . . 98
9. Das Hochdruckgebiet . . . . . . . . . . . . . . . 114
10. Der Föhn und die Genuazyklone . . . . . . . . . 121
11. Die Wettervorhersage . . . . . . . . . . . . . . 125
12. Die Ausbreitung von Schadstoffen in der Atmosphäre. Meteorologische Fragen der Luftreinhaltung . . . . . 136
13. Wetter und Mensch. Probleme der Biometeorologie . 140
14. Beispiele von Wetterkarten . . . . . . . . . . . 144
Sachverzeichnis . . . . . . . . . . . . . . . . . . . 156

# 1. Das Wetter als physikalischer Prozeß

Am Ausgangspunkt jedweder Beschäftigung mit dem Wettergeschehen muß die Frage stehen: „Was ist eigentlich das Wetter?" Man wird mir vielleicht entgegenhalten, daß diese Frage müßig sei. Jeder Mensch habe doch eine sehr genaue Vorstellung vom Wetter. Aber diese Vorstellungen sind sicherlich sehr verschieden. Man denke nur daran, wie der Künstler, der sein seelisches Erlebnis in dichterische Worte kleidet oder mit Farbe und Pinsel eine Gewitterstimmung auf die Leinwand bannt, den Menschen unmittelbar anspricht und ihm auf diese Weise eine Vorstellung vom Wetter vermittelt. Ist sie die richtige? Diese Frage ist weder mit ja noch mit nein zu beantworten. Jedenfalls ist sie nicht die einzig mögliche. Es gibt auch ein physikalisches „Wetterbild".

Die wissenschaftliche Wetterkunde, die *Meteorologie*, ist eine Physik der Atmosphäre. Sie ist eine relativ junge Wissenschaft. Lange Zeit standen die Forscher den ungeheuer komplexen atmosphärischen Prozessen nahezu hilflos gegenüber. Zwar hatte schon ARISTOTELES versucht, die Windsysteme auf der Erde durch Aktionen der Sonnenstrahlung zu erklären, aber eine erfolgversprechende Forschung konnte doch erst zu dem Zeitpunkt einsetzen, zu dem die Prinzipien der Physik bereits bekannt, und die Gleichungssysteme, die die Bewegungen beschreiben, formuliert worden waren. Dies erfolgte aber erst im 18. und 19. Jahrhundert. Zu diesen theoretischen Voraussetzungen mußten auch noch die technischen Errungenschaften, die eine ständige Verbesserung der Meßmethoden mit sich brachten, und die internationale Zusammenarbeit in einem weltumspannenden Beobachtungs- und Nachrichtennetz kommen. Die Meteorologie ist Nutznießer des technischen Fortschritts unseres Jahrhunderts geworden und kann heute weder auf die modernsten Mittel der Nachrichtenübertragung noch auf Radargeräte und Forschungsraketen verzichten, und sie hat gelernt, die elektronischen Rechenautomaten und nicht zuletzt die künstlichen Erdsatelliten in den Dienst der Wetterforschung zu stellen.

Wie sieht nun der Meteorologe das Wetter? Für ihn ist es ein Prozeß, der nach den Grundprinzipien der Physik abläuft. Die räumliche und zeitliche Variation verschiedener wohldefinierter Größen, die man *meteorologische Elemente* nennt, ist dann Ausdruck für das Wettergeschehen. Die Elemente selbst stehen in gegenseitigen Beziehungen, die durch die bekannten Gleichungen der Physik gegeben sind.

Soweit sieht das Problem verhältnismäßig einfach aus, falls man sich über die Art und Zahl der wetterbestimmenden Parameter einigen kann. In Wahrheit ist die Sache jedoch aus vielerlei Gründen außerordentlich kompliziert. Was für Zustandsgrößen kommen als meteorologische Elemente in Frage? Die Theoretiker halten sieben Größen für ausreichend, um das Wettergeschehen richtig zu erfassen. Es sind dies:

Der *Luftdruck*
Die *Lufttemperatur*
Der (dreidimensionale) *Windvektor* mit drei Komponenten[1]
Die *Luftfeuchte*
Die *Luftdichte*

Aber neben diesen meteorologischen Elementen beobachten die Stationen noch Wettererscheinungen, die auch sehr wesentlich zu unserer Vorstellung vom Wetter gehören, wie zum Beispiel den Niederschlag, die Wolkenformen und dergleichen mehr, wie jedermann aus den täglichen Wetterberichten entnehmen kann. Ist vielleicht die abstrakte physikalische Denkweise doch nicht ganz geeignet, unser Wetter eindeutig zu beschreiben? Sie ist dazu in der Lage! Aber eben auf ihre Weise. Im physikalischen Vorstellungsbild ist z. B. die Wolke ein Prozeß, bei dem es zu einer Änderung des Aggregatzustandes des Wassers (Kondensation oder Eisbildung) kommt, und der Niederschlag wiederum ist eine Folge dieser Wolkenbildung. So betrachtet, genügen die genannten Größen, um die Wetterentwicklung verstehen zu lernen, allerdings mit einem Vorbehalt: Die Beobachtungen müssen so angestellt werden, daß wir von der dreidimensionalen Verteilung

---

[1] Zwei Zahlenangaben werden benötigt, um den horizontalen Wind nach Richtung und Stärke festzulegen, eine für die Vertikalbewegung.

der meteorologischen Elemente Kenntnis erhalten, d. h., daß auch Beobachtungen in der freien Atmosphäre durchgeführt werden als notwendige Ergänzung zu den Bodenbeobachtungen. Wir werden sehen, wie weit die Meteorologen bei dieser Arbeit gekommen sind und wie weit sie die Ergebnisse ihrer Forschung für die Wettervorhersage verwerten konnten. Wir werden aber auch erfahren, wie ungeheuer schwierig diese Aufgabe ist und welche gigantische internationale Zusammenarbeit notwendig war und noch ist, um schrittweise (für die ungeduldigen Kritiker der Wettervorhersage viel zu langsam) zu neuen Erkenntnissen zu gelangen.

Man muß sich vor Augen halten: Die physikalischen Gesetze beruhen auf einem Erfahrungswissen, gewonnen durch sinnreiche Experimente unter künstlich geschaffenen Bedingungen. Der Meteorologe kann nicht in gleicher Weise experimentieren. Er muß die sehr verwickelten und komplizierten Prozesse, die er in der Atmosphäre beobachtet, als gegeben hinnehmen und versuchen, ob es ihm gelingt, auch für diesen komplexen Vorgang relativ einfache (für praktische Zwecke geeignete) Beziehungen herzuleiten. Würde er die für sein Problem gültigen physikalischen Gleichungen streng mathematisch formulieren — was grundsätzlich möglich ist — so würde er bald erkennen, daß eine vollständige und allgemeingültige Lösung der Gleichungssysteme ein nahezu hoffnungsloses Unterfangen ist. Ein Grund für die Kompliziertheit des physikalischen „Wetterproblems" liegt in den Gleichungen selbst, die sich gegenüber den üblichen Lösungsmethoden als sehr widerspenstig erweisen und ungleich schwieriger zu behandeln sind als etwa die Gleichungen, die die Bewegung der Himmelskörper beschreiben. Ein weiterer Umstand, der der Meteorologie zu schaffen macht, ist die exakte Formulierung des Einflusses der Erdoberfläche auf die Luftströmungen. Zwar läßt sich dieser für wohldefinierte Verhältnisse als sogenannte „Randbedingung" an der Erdoberfläche mathematisch festlegen, aber die komplizierte Form der Gebirgszüge und der stark unterschiedliche Bewuchs der Erdoberfläche machen die exakte Erfassung unmöglich.

So ist der Meteorologe bei seinen Forschungen gezwungen, einen halb empirischen Weg einzuschlagen, der zwar theoretisch durch die allgemeingültigen Prinzipien der Physik vorgezeichnet ist, der aber dennoch nicht auf das Sammeln von Erfahrungswissen verzichten kann.

Wenn das Wetter durch die meteorologischen Elemente beschrieben werden soll, so erheben sich sofort zwei Fragen: Einmal, wie dieselben zu beobachten sind, und zum anderen, wie die Auswertung des umfangreichen Beobachtungsmaterials stattfinden soll. Mit der ersten Frage werden wir uns hier nicht näher beschäftigen. Die meisten Leser dürften eine gewisse Vorstellung von den Instrumenten haben, mit denen Luftdruck, Temperatur, Feuchtigkeit, Windstärke und Windrichtung gemessen werden. Wir wollen aber festhalten, daß solche Messungen ständig durchgeführt und die Resultate international ausgetauscht werden. Jeder Wetterdienst kann daher das Verhalten der meteorologischen Elemente, ihre zeitliche Variation und ihren Zusammenhang mit dem eigentlichen Wettergeschehen studieren.

Allerdings besteht hierbei eine grundsätzliche Einschränkung. Die Messungen erfolgen im allgemeinen nicht kontinuierlich. Der räumliche Abstand ist durch den jeweiligen Ausbau des weltweiten meteorologischen Beobachtungsnetzes gegeben, der zeitliche durch organisatorische und auch ökonomische Erwägungen. Beispielsweise wird an Flugplätzen vielfach in halbstündigen Intervallen beobachtet, an sogenannten synoptischen Stationen, die vornehmlich für Zwecke der allgemeinen Wettervorhersage errichtet wurden, alle drei Stunden; Sondierungen der Atmosphäre durch Radiosonden erfolgen nur zweimal täglich. Natürlich kann man die Zeitspanne zwischen zwei Beobachtungen dadurch überbrücken, daß selbsttätige Registrierinstrumente kontinuierliche Aufzeichnungen liefern, doch ist die Übermittlung von Registrierungen im internationalen Wetternachrichtendienst wesentlich komplizierter als diejenige der Momentanbeobachtungen und wird daher nur ausnahmsweise (etwa bei der Drucktendenz) vorgenommen. Zum Studium des Wettergeschehens für wissenschaftliche Forschung sind die kontinuierlichen Registrierungen oft von ausschlaggebender Bedeutung. Im Wetterprognosendienst, der immer unter Zeitdruck zu leiden hat, können sie aber meistens nicht berücksichtigt werden.

Wir kommen nun zur Beantwortung der zweiten Frage, wie die Messungen ausgewertet werden sollen, um sie für die Erforschung der physikalischen Prozesse in der Atmosphäre möglichst geeignet zu machen. Diese Frage ist nicht etwa überflüssig, wie man im ersten Augenblick meinen könnte, sondern ist zu einem der wichtigsten Probleme der Meteorologie geworden. Warum können die Meßergebnisse, wie sie uns die Instrumente liefern, nicht unmittelbar für die Forschung Verwendung finden? Der exakt arbeitende Forscher wird immer bemüht sein, die Messungen möglichst genau durchzuführen und durch sinnreiche Anordnung die Meßmethoden weiter zu verfeinern. Können zu genaue Messungen für die Forschung in der Meteorologie abträglich sein?

Prinzipiell natürlich nicht. Aber eines darf nicht übersehen werden: In der Atmosphäre spielt sich laufend eine Vielzahl von Vorgängen ab, die sich alle in den meteorologischen Elementen, z. B. im Luftdruck, manifestieren. Vom Flügelschlag einer Mücke bis zu der gewaltigen Explosion einer Atombombe, vom leisesten Windhauch bis zum verheerenden Wirbelsturm reicht die Skala der möglichen Luftbewegungen, und ähnlich groß ist die Variationsbreite der anderen Elemente, etwa der Temperatur. Vollkommen exakte Berücksichtigung aller Einzelheiten ist in vielen Fällen nicht nur überflüssig, sondern verschleiert mitunter den Blick auf das Wesentliche. Wir werden (auf Seite 129) noch etwas eingehender auf das Grundsätzliche dieser Überlegung zu sprechen kommen, wollen uns aber hier an dem einfachen Beispiel der Windmessung klarmachen, wie notwendig eine „Bearbeitung" von Momentanmessungen sein kann.

Jeder, der einmal die Luftbewegung eine Zeitlang beobachtet hat, sei es an einem registrierenden Instrument einer Wetterwarte oder auch am Windspiel der Blätter eines Baumes, erkennt die Unregelmäßigkeit oder, wie der Fachmann sagt, den turbulenten Charakter des Windes. Ständig schwankt die Richtung und Stärke, und wenn wir uns auf einen Wert der Windstärke festlegen wollen, so müssen wir notgedrungen einen Mittelwert über ein bestimmtes Zeitintervall, z. B. 5—10 Min., betrachten. Selbstverständlich ist dabei gerade die Frage nach der Größe des Zeitintervalls, über das zu mitteln ist, von ausschlaggebender Bedeutung, da das Ergebnis der Mittelung, in diesem Fall der „mittlere" Wind, sehr wesentlich davon abhängen kann, ob ich über 5 oder 10 Min. oder etwa über ½ Std. mittle. Ähnliche Betrachtungen gelten auch für die anderen meteorologischen Elemente.

Da die meteorologischen Elemente untereinander funktionell verknüpft sind, wäre eine zu große Meßgenauigkeit bei einem Element, etwa dem Luftdruck, nicht sinnvoll, falls nicht gleichzeitig auch die Genauigkeit der Messung bei den anderen Elementen vorangetrieben wird, es sei denn, daß man für gesonderte Untersuchungen nur das Verhalten des einen Elementes betrachtet. Die Mathematik hat Methoden entwickelt, die objektiv aufzeigen können, wie sich der Fehler einer Größe auf denjenigen einer anderen auswirkt. Aufgrund solcher Überlegungen kann die Meßgenauigkeit bei verschiedenen Elementen aufeinander abgestimmt werden.

Im allgemeinen wird man vermuten, daß die eigentlich wetterbestimmenden Prozesse in der Atmosphäre nur eine bestimmte Größenordnung betreffen und vor allem die kleinräumigen und kurzfristigen Schwankungen nicht von ausschlaggebender Bedeutung sind. Es ist jedoch nicht leicht, hier eine strenge Abgrenzung zu finden, da eine Entwicklung mächtiger Luftströmungen oder Wolkensysteme aus ursprünglich kleinen und vielleicht unbedeutend scheinenden Anfangsschwankungen möglich ist.

Auf der Suche nach den das Wetter in erster Linie charakterisierenden Vorgängen kann man noch einen Schritt weiter gehen und die Momentanmessungen über längere Zeit mitteln. Diesen Weg hat vor allem die *Klimatologie* beschritten. Dabei wurde das Intervall der Mittelung von der Zeitrechnung übernommen (Tages-, Monats-, Jahresmittel). Neben der zeitlichen besteht noch die Möglichkeit der räumlichen Mittelung, um die für ein größeres Gebiet gemeinsamen Erscheinungsformen hervorzuheben. Die Hauptschwierigkeit liegt darin, das zweckmäßigste Mittelungsintervall zu finden bzw. gemittelte Größen im Sinne einer modernen Statistik zu deuten. Dazu wird es unumgänglich sein, nicht nur die Mittelwerte selbst zu betrachten, sondern die vollständige Häufigkeitsverteilung, d. h. die Streuung um den Mittelwert, Besonderheiten der Verteilung und ähnliches mehr.

Um dem wesentlichen physikalischen Wetterprozeß auf die Spur zu kommen, erscheint allerdings der statistisch-klimatologische Weg sehr wenig erfolgversprechend. Seine Stärke liegt dort, wo es gilt, durch Angaben einer begrenzten Anzahl wohldefinierter Größen eine Aussage über das durchschnittliche Verhalten der „Summe aller Wettererscheinungen" an einem bestimmten Ort zu machen, was für langfristige Planung, wie Städte-, Straßen- oder Kraftwerksbau, Industrie- und Agrarvorhaben, von ausschlaggebender Bedeutung sein kann.

Kehren wir also zu den Beobachtungen selbst zurück. Die folgenden Kapitel werden uns darüber Klarheit bringen, was die Meteorologen mit ihren Methoden erreicht haben und wie vieles in Zukunft noch zu tun bleibt.

## 2. Die Lufthülle der Erde

Träger aller Wettererscheinungen ist die Lufthülle, die Atmosphäre unseres Planeten. Wir wissen nicht genau, wie sie entstanden ist. Diese Frage hängt eng mit der nach der Entstehung des Planetensystems überhaupt zusammen; und hier gehen die Anschauungen noch auseinander. Nach der heute bestehenden Auffassung gehörten die Ozeane und die Atmosphäre nicht zum ursprünglichen Bestand der Erde. Beide sind sekundär aus vulkanischen Exhalationen entstanden. Die Uratmosphäre enthielt jedoch keinen Sauerstoff, da dieser vollständig in Oxiden, Silikaten etc. gebunden war und in den vulkanischen Gasen fehlt. Sauerstoff konnte erst dadurch erzeugt werden, daß der vorhandene Wasserdampf durch die Ultraviolettstrahlung der Sonne (Photodissoziation) zerlegt wurde. Durch diesen Prozeß kann aber, wie UREY 1959 nachwies, nur etwa der tausendste Teil des heute vorhandenen Sauerstoffs zustandegekommen sein. Daher bleibt nur die Alternative übrig, den Sauerstoff unserer Atmosphäre als Produkt einer Photosynthese durch die pflanzlichen Lebewesen anzusehen.

Wir wissen, daß sich seit Jahrmillionen die Zusammensetzung der Atmosphäre kaum wesentlich verändert hat, vornehmlich im Hinblick auf die beiden Hauptbestandteile der trockenen Luft nämlich Stickstoff (rund 78%) und Sauerstoff (rund 21%). Der

Rest von 1% verteilt sich auf eine Reihe von Gasen, unter denen das Kohlendioxid für meteorologische Fragen noch die größte Bedeutung hat, wenngleich es nur etwa 0,03 Volumenprozente ausmacht. Es gibt allerdings auch variable Komponenten der Atmosphäre, die in unser Wettergeschehen sehr aktiv eingreifen, nämlich den Wasserdampf (bis etwa 4%) in den unteren und das Ozon in höheren Luftschichten. Obwohl, absolut betrachtet, nur wenig Ozon in der Atmosphäre vorhanden ist, ist seine Wirkung sehr bedeutungsvoll (s. Seite 22). Es werden auch feste und flüssige Partikel, die in der Luft suspendiert sind, beobachtet, von denen die weitaus wichtigsten die Wassertröpfchen und Eisteilchen in der Wolke sind. Doch dürfen auch nicht die Staubteilchen und die vielen chemischen und organischen Partikel vergessen werden, die von den zahlreichen natürlichen und künstlichen Emittenten stammen. Vor allem für die Niederschlagsbildung sind diese letztgenannten Bestandteile sehr wesentlich, doch scheint ein direkter Einfluß auf das großräumige Wettergeschehen kaum vorhanden zu sein.

Die Physiker wissen, daß jedes Gas (bzw. Gasgemisch) bestimmte Gesetze befolgt, die als Zustandsgleichungen der Gase bezeichnet werden. Im einfachsten Fall (ideales Gas) ist der Druck $p$ proportional dem Produkt aus der Dichte $\varrho$ und der (absoluten) Temperatur $T$.

$$p = R\varrho T \qquad (1)$$

$R$ ist hier die individuelle Gaskonstante. Sie hat für jedes Gas bzw. Gasgemisch einen anderen Wert. Unter der absoluten Temperatur versteht man eine Zahlenangabe der Temperatur nach einer Skala, die beim absoluten Nullpunkt (tiefste überhaupt erreichbare Temperatur, rund $-273\,°C$) beginnt. Luftdruck und Temperatur spielen bei der Beurteilung des Zustandes, in welchem sich die Atmosphäre befindet, eine große Rolle, und sie werden auch in erster Linie zur Beschreibung herangezogen.

Die gesamte Masse der Atmosphäre beträgt rund $5{,}1 \cdot 10^{18}$ kg, was zwar nur etwa einem Millionstel der Masse des Erdkörpers entspricht, aber dennoch an der Erdoberfläche einen beachtlich großen Druck bewirkt. Schon TORRICELLI, ein Schüler GALILEIS, der als erster eine barometrische Luftdruckmessung vorgenommen hat, konnte mit einem einfachen, U-förmig gebogenen Glasrohr feststellen, daß der Luftdruck im Meeresniveau imstande ist, einer Quecksilbersäule von etwa 760 mm Höhe das Gleichgewicht zu halten. Rechnet man mit einer Dichte des Quecksilbers von 13,6 g/cm³, ergibt das einen Druck von 101320 N/m² (Newton pro Quadratmeter)[1]. Würden wir statt des spezifisch so schweren Quecksilbers das leichte Wasser verwenden, so könnte der Druck der Luftsäule das Wasser rund 10 m emporheben.

Wenn wir also sagen, der Luftdruck oder der Barometerstand ist 760 mm, so meinen wir damit, daß der Druck der über uns befindlichen Luftsäule gerade so groß ist wie der Druck einer Quecksilbersäule gleichen Querschnitts von 760 mm Länge. Aber das allein genügt nicht. Da sich das Quecksilber bei Erwärmung ausdehnt (eine Eigenschaft, die wir bei der Temperaturmessung ausnützen), so übt eine gleich lange Quecksilbersäule bei verschiedener Temperatur einen verschieden großen Druck auf die Unterlage aus. Wir müssen daher bei der Luftdruckmessung mittels des Quecksilberbarometers immer noch die Temperatur des Quecksilbers mit angeben bzw. alle Messungen auf eine bestimmte Temperatur (0° C) „reduzieren". Überdies hängt das Gewicht der Säule auch noch von der Anziehungskraft der Erde ab, und diese ist ebenfalls von Ort zu Ort verschieden, vornehmlich deswegen, weil die Erde rotiert und daher jeder Körper, also auch die Quecksilbersäule, einer von der Erdachse nach außen gerichteten Zentrifugalkraft unterliegt, die die Massenanziehung (in Richtung zum Erdmittelpunkt) verkleinert. Dieser Effekt ist am Äquator maximal, an den Polen gleich Null (Abstand von der Rotationsachse!). Der Unterschied zwischen Äquator und Pol macht fast 4 mm in der Länge der Quecksilbersäule aus.

Wir sehen also, daß die genaue Bestimmung des Luftdrucks eine Reihe von zusätzlichen Überlegungen erfordert, so daß die Angabe des Barometerstandes als Höhe einer Quecksilbersäule, so anschaulich sie ist, physikalisch gesehen nicht zweckmäßig erscheint. Dies hat dazu geführt, daß man heute den Luftdruck zwar mittels des Quecksilberbarometers mißt, aber als Einheit das so-

---

[1] Ein N (Newton) ist die Kraft, die einer Masse von 1 kg die Beschleunigung von 1 m/s² erteilt.

genannte *Millibar* (mb) verwendet. Hierbei handelt es sich um eine auf die Flächeneinheit wirkende Kraft, und zwar ist 1 mb = 100 N/m². Eine Luftsäule, die einer Quecksilbersäule von 750 mm bei 0°C in 45° Breite im Meeresniveau (Normalschwere) das Gleichgewicht hält, entspricht einem Luftdruck von 1000 mb (760 mm Hg = 1013,2 mb).

Es ist klar, daß der Luftdruck mit der Höhe abnehmen muß: Je höher wir steigen, um so kürzer wird die über uns befindliche Luftsäule, um so geringer ihr Gewicht. Das Gesetz, nach dem der Luftdruck abnimmt, ist einfach zu formulieren, es ist die sogenannte *barometrische Höhenformel*. Der Betrag, um den der Luftdruck innerhalb einer vorgegebenen Höhendifferenz kleiner wird, hängt von der Temperatur in dieser Schicht ab. Ist die Schicht klein genug, um sie als isotherm zu betrachten, bzw. definieren wir eine „Mitteltemperatur", so gilt das folgende Gesetz:

$$P_z = P_o \cdot 10^{-\frac{T_o \cdot Z}{T \cdot B}} \text{ oder } P_o = P_z \cdot 10^{\frac{T_o \cdot Z}{T \cdot B}}. \quad (2)$$

Hierin ist $P_z$ der Druck in der Höhe $Z$, $P_o$ derjenige am Erdboden, $T$ die Temperatur der Schicht vom Boden bis zur Höhe $Z$ und $T_o = 273°$ abs. (also 0°C). $B$ ist die sogenannte Barometerkonstante, nämlich 18398 m. Hätten wir eine isotherme Atmosphäre von 0°C, so würde in einer Höhe von 18398 m der Luftdruck auf ein Zehntel des Bodenbetrages gesunken sein. In Wahrheit ist dies von Fall zu Fall verschieden, je nach der vertikalen Temperaturverteilung. Doch zeigt uns die Formel schon recht gut die Größenordnung der Druckabnahme. Zwar ändert sich die vertikale Temperaturverteilung von Tag zu Tag und von Ort zu Ort, doch kann man eine „Normalatmosphäre" definieren, die einen Hinweis auf die im Durchschnitt zu erwartende Druckabnahme mit der Höhe liefert. Danach ist der Luftdruck in rund 5 km Höhe nur mehr halb so groß wie an der Erdoberfläche, auf 10% seines Betrages ist er in etwa 16 km Höhe, auf 1% in rund 30 km Höhe gesunken. In 50 km Höhe kann nur mehr ein Tausendstel des Wertes der Erdoberfläche erwartet werden, also etwa 1 mb. In noch größeren Höhen wird die Verdünnung der Luft sehr groß. Wir haben nach neuesten Ergebnissen in etwa 700 km Höhe nur mehr einen Druck von $^1/_{10\,000\,000\,000}$ mb zu erwarten, was bereits einem im Laboratorium durch modernste Vakuumpumpen herstellbaren „Hochvakuum" entspricht. Wir haben schon betont, daß die Druckabnahme mit der Höhe nach der barometrischen Höhenformel nur von der vertikalen Temperaturabnahme abhängt, solange die Barometerkonstante $B$ gleichbleibt. Dies ist nur dann gewährleistet, wenn sich die Zusammensetzung der Luft (mittleres Molekulargewicht) und die Erdanziehung mit der Höhe nicht ändern. Nun unterliegt zwar die Zusammensetzung der trockenen Luft (in den unteren Luftschichten) weder zeitlich noch örtlich merklichen Schwankungen (vom Kohlendioxid sehen wir hier ab), doch ist der Gehalt an Wasserdampf sehr variabel. Von der Rolle, die der Wasserdampf im Wettergeschehen spielt, wird noch die Rede sein. Hier interessiert uns nur die Frage, um wieviel sich durch ihn das Molekulargewicht der (feuchten) Luft ändert. Eine Überschlagsrechnung kann uns diesbezüglich aber beruhigen. Der Effekt ist im allgemeinen sehr gering. Bei genauer Berechnung der Druckabnahme mit der Höhe muß er allerdings berücksichtigt werden.

Die zweite Frage ist, ob sich die Zusammensetzung der trockenen Luft nicht mit der *Höhe* ändert. Da nämlich die Gase, aus denen die Luft besteht, verschieden schwer sind, erscheint diese Frage mehr als berechtigt. Da weiter — wiederum nach einem bekannten physikalischen Gesetz — alle Bestandteile eines Gasgemisches sich so verhalten, als ob sie für sich allein den Wirkungen der Erdanziehung *(Sedimentationsgleichgewicht)* ausgesetzt wären und daher jedes für sich eine Druck- und Dichteabnahme mit der Höhe zeigen müßte, wie sie die Formel (2) lehrt, nur mit verschiedenen Barometerkonstanten, so müßten sich die in den untersten Luftschichten in verschwindendem Maße vorhandenen Bestandteile an leichten Gasen, wie etwa Helium und Wasserstoff, in der Höhe immer mehr bemerkbar machen und schließlich sogar das Übergewicht gegenüber dem Stickstoff und Sauerstoff bekommen. Dem ist aber nicht so. Wir wissen heute, daß bis zu Höhen von 100 km die Zusammensetzung der Luft nicht wesentlich variiert.

Als Erklärung für die annähernd konstante Zusammensetzung der Luft bis in große Höhe können wohl nur Durchmischungsvorgänge in Betracht gezogen werden derart, daß ein Austausch tatsächlich bis in die erwähnten Höhen stattfindet. Dafür sprechen auch noch andere Beobachtungen, insbesondere solche über die Temperaturverteilung.

Wir müssen noch einige Worte über das Kohlendioxid und das Ozon in der Atmosphäre verlieren. Der prozentuelle Anteil ist in beiden Fällen so gering, daß auch stärkere Schwankungen die Barometerkonstante nur unwesentlich verändern. Erst unter 3 000 000 Luftmolekülen findet sich im Durchschnitt ein Ozonmolekül. Die absorbierende Wirkung des Ozons im Ultraviolettbereich des Sonnenspektrums ist jedoch so groß, daß in 45 bis 50 km Höhe die Atmosphäre stark erwärmt wird (s. Abb. 1, 2 u. 4 und Seite 22).

Auch das Kohlendioxid greift auf Grund seiner Absorptionseigenschaften (vornehmlich im infraroten Bereich) in den Wärmehaushalt der Atmosphäre ein. Zum Unterschied von Ozon befindet es sich in den untersten Luftschichten. Der derzeitige $CO_2$-Gehalt der gesamten Atmosphäre wird auf etwa $2 \cdot 10^{15}$ kg geschätzt, was etwa 0,05 % der Gesamtmasse der Lufthülle ausmacht. Dieser Betrag ist jedoch sehr variabel, da $CO_2$ durch Verbrennung und Gärungsprozesse ständig produziert, durch die Assimilation der Pflanzen und durch Auflösung im Meerwasser aber verbraucht wird.

Wir sehen, daß praktisch nur die vertikale Temperaturverteilung für das Verhältnis von Bodenluftdruck zum Druckwert in der Höhe verantwortlich ist und damit für das gesamte Wettergeschehen eine überragende Rolle spielt. Daß die Temperatur von der Erdoberfläche nach aufwärts im allgemeinen abnimmt, ist eine jedem geläufige Tatsache, ohne die beispielsweise der Bestand von Eis und Schnee auf den Gipfeln selbst tropischer Berge nicht verständlich wäre. Wohl kann mitunter innerhalb der Luftschichten eine Temperaturzunahme mit der Höhe durch Einschieben wärmerer Luftmassen beobachtet werden, doch ändert dies nichts an der Beobachtungstatsache, daß im Durchschnitt die Temperatur nach oben hin um etwa 0,5—0,7 °C pro 100 m abnimmt. Da unsere Lufthülle nicht unmittelbar durch die Sonnenstrahlung, sondern überwiegend mittelbar von unten her, nämlich von der sich durch Einstrahlung stark erwärmenden Erdoberfläche, aufgeheizt wird, erschien diese Temperaturabnahme mit der Höhe sehr verständ-

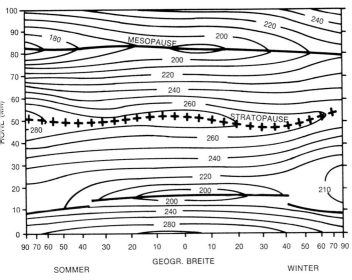

Abb. 1. Verteilung der Temperatur mit der Höhe in Abhängigkeit von der geographischen Breite für den Sommer und Winter

lich. Um so größer war die Überraschung, als man schon zu Beginn des 20. Jahrhunderts feststellte, daß in Europa oberhalb etwa 10 km keine Temperaturabnahme mehr auftritt, sondern die Temperatur in diesen Luftschichten konstant bleibt bzw. sogar etwas mit der Höhe zunimmt. Der Übergang von der Temperaturabnahme zu einer nahezu isothermen Schicht ist in den Tropen erst bei ca. 17 km Höhe zu beobachten, was auch zur Folge hat, daß die Temperatur dieser Schicht um ca. 30° C niedriger liegt als in unseren Breiten (s. Abb. 1).

Aufgrund der Temperaturverteilung wird eine Einteilung der Lufthülle zunächst in zwei Schichten nahegelegt. Die untere, etwa 10—17 km dicke Schicht, in der die Temperatur mit der Höhe abnimmt und in der sich die wesentlichen Wetterprozesse abspielen, nennt man *Troposphäre*. Innerhalb dieser Schicht findet eine lebhafte Durchmischung der Luft statt, in ihr ist nahezu der gesamte Wasserdampfgehalt der Atmosphäre enthalten. Darüber breiten sich trockene Luftmassen aus, und man gab dieser Luftschicht die Bezeichnung *Stratosphäre*. Allerdings treten unter besonderen Umständen auch noch Wolken in der Stratosphäre auf, z.B. die sogenannten Perlmutterwolken in 20 bis 30 km Höhe, doch sind diese für das allgemeine Wettergeschehen nicht wichtig. Die Übergangszone selbst wird *Tropopause* genannt.

Wie uns die Abb. 1 zeigt, befinden sich die kältesten Luftmassen in der unteren Stratosphäre keineswegs über den Polen, wie es für die Temperaturen nahe der Erdoberfläche verständlich ist, sondern über den Tropen gerade dort, wo am Boden die wärmsten Gebiete sind. Das am Boden vom Äquator zu den Polen gerichtete Temperaturgefälle kehrt sich in diesen Höhen um. Dies hat natürlich für den Aufbau der Atmosphäre eine große Bedeutung, da es besagt, daß hohe südliche Winde in unseren Breiten kältere Luft heranführen, sehr im Gegensatz zu den Verhältnissen nahe der Erdoberfläche, wo natürlich Kaltluftmassen nur dann herantransportiert werden können, wenn die Luftströmungen eine mehr oder weniger nördliche Komponente haben. Analoges (mit umgekehrtem Vorzeichen) gilt für die Südhalbkugel. Da der Luftdruck, wie uns die barometrische Höhenformel (2) lehrt, auf Temperaturänderungen in der Vertikalen sehr empfindlich reagiert, so hat die eben erwähnte Tatsache eine dämpfende Wirkung derart, daß eine „stratosphärische Kompensation" die thermisch bedingten Druckänderungen der Troposphäre teilweise wieder wettmacht, und im Mittel der Luftdruck unter einer kalten und warmen troposphärischen Luftsäule gar nicht so verschieden groß ist.

Die Abb. 1 gibt auch Auskunft über die Temperaturverteilung in Abhängigkeit von der geographischen Breite. Es sind dort die Verhältnisse für Winter und Sommer auf der Nordhalbkugel nebeneinander dargestellt. Da dem Sommer auf der Nordhalbkugel der Winter auf der südlichen Hemisphäre und umgekehrt entspricht, vermittelt die Abb. 1 ein Bild über den Temperaturverlauf innerhalb der gesamten Lufthülle der Erde. Das einfache Umkehrgesetz zwischen Troposphäre und unterer Stratosphäre gilt für die höheren Schichten nicht mehr. Die Schicht zwischen 30 und 60 km erwärmt sich im Sommerhalbjahr (bis zu einem Maximalwert in 50 km Höhe) und kühlt sich im Winter wieder ab. Das Temperaturgefälle ist im Winter vom Äquator zum Pol gerichtet, wie am Boden, kehrt sich aber im Sommer um. Wenn wir den meridionalen Temperaturverlauf nach Abb. 1 in der Stratopause (rund 50 km) und Mesopause (rund 80 km) im Sinne der obigen Bemerkungen global betrachten, so zeigt sich hier ein Temperaturgefälle vom Nordpol bis zum Südpol je nach Jahreszeit und Höhe. Dieses eigenartige Verhalten ist noch nicht restlos geklärt. Es hat auch eine markante Umkehrung der Hauptwindströmungen mit der Jahreszeit in diesen Stockwerken zur Folge.

Lange Zeit waren unsere Kenntnisse über die Temperaturverhältnisse oberhalb 30 km sehr unvollkommen. Nur durch indirekte Schlüsse konnten Angaben über die Zusammensetzung, die Temperatur- und Dichteverhältnisse in großer Höhe gemacht werden. Zum Beispiel hatte man Besonderheiten in der Schallausbreitung bei großen Explosionen festgestellt, die eigentlich nur so erklärt werden konnten, daß eine Reflexion der Schallwellen in etwa 50 km Höhe stattfindet, was wiederum dazu führte, in diesen Höhen eine verhältnismäßig hohe Temperatur zu vermuten. Dies hat sich inzwischen durch direkte Messungen bestätigt. Die moderne Raketentechnik erlaubt uns nämlich heute, direkte Messungen in großer Höhe vorzunehmen, so daß wir gegenwärtig recht gut über die Druck-, Dichte- und Temperaturverhältnisse der hohen Atmosphärenschichten orientiert sind[1]. In den Abb. 1 und 2 sind schematisch die Resultate wiedergegeben. Diese haben auch dazu geführt, es nicht bei der oben angeführten Zweiteilung in Troposphäre und Stratosphäre zu belassen, sondern weitere Stockwerke der Atmosphäre vornehmlich nach ihrem Temperaturverlauf einzuführen. Während in der unteren Stratosphäre die Temperatur ziemlich konstant bleibt (Isothermie), steigt sie in der oberen Stratosphäre rasch an und erreicht bei ca. 50 km Werte bis zu 0° C und auch noch darüber. Nun schließt sich nach einer Übergangszone, der sogenannten *Stratopause*, die *Mesosphäre* an. In dieser Schicht nimmt die Temperatur wieder ab. Sie erreicht bei ca. 85 km ein Minimum. Nach einer Übergangszone, die man *Mesopause* nennt, folgt die *Thermosphäre*. Die Temperatur steigt in diesem „Stockwerk" der Atmosphäre neuerlich an. In noch größeren Höhen, etwa bei

---

[1] Dabei wird die Temperatur in der hohen Atmosphäre nicht direkt, sondern indirekt über die Dichtebestimmung ermittelt.

300 km, geht diese Zunahme in eine Isothermie über. Dieser Übergang wird auch mit *Thermopause* bezeichnet. Die Temperatur der Thermosphäre erreicht Werte von mehr als 1000° C.

Allerdings darf man sich diese hohe Temperatur nicht als „Hitze" vorstellen. Bei der ungeheuren Luftverdünnung, die in diesen Schichten herrscht, sagt der „thermodynamische" Temperaturwert nur aus, daß sich dort die Moleküle schneller bewegen. Die Physiker berechnen nämlich die Temperatur eines Gases nach der Geschwindigkeit der Moleküle, und zwar ist diese dem mittleren Quadrat der Molekülgeschwindigkeit proportional. Eine Wärmeleitung kann aber nur dann merklich werden, wenn genügend Moleküle in der Volumeneinheit vorhanden sind. Dies ist jedoch in diesen Höhen nicht mehr der Fall. Für einen Satelliten, der dort seine Bahn zieht, ist es z. B. viel wesentlicher, ob er von der Sonne beschienen wird oder nicht. Er erwärmt sich nicht durch Kontakt mit der ungeheuer verdünnten Luft, sondern durch Strahlungsabsorption.

Dieser Einteilung der Atmosphäre nach rein thermischen Gesichtspunkten steht eine solche (siehe Abb. 2) nach der Zusammensetzung der Luft ergänzend gegenüber.

Wie bereits erwähnt, ändert sich die Zusammensetzung bis etwa 100 km nur wenig. Dieser Bereich wird Homosphäre genannt. Das wichtigste variable Element ist hier das Ozon. In größeren Höhen bewirkt die Ultraviolettstrahlung der Sonne eine Dissoziation von Molekülen. So wird der Sauerstoff $O_2$ bei diesem Prozeß in zwei Sauerstoffatome aufgespalten. Beim Stickstoff $N_2$ ist dies nicht der Fall, da sich dafür im Bereich der solaren Einstrahlung keine entsprechende Absorptionsbande findet. Man nennt dieses Stockwerk der Atmosphäre Heterosphäre. Hier zeigt sich eine vertikale Verteilung der Teilchen, die sich aus deren unterschiedlichem Gewicht ergibt.

In Abb. 2 ist noch eine weitere Unterteilung der Atmosphäre dargestellt, nämlich jene, die auf elektromagnetischen Eigenschaften beruht. Eine der ersten Erfahrungen in dieser Hinsicht war ähnlich jener, die man mit Schallwellen gemacht hatte. Es zeigte sich, daß zur Erklärung der großen Reichweiten der Radiowellen (Kurzwellen) eine Reflexion an einer leitfähigen Schicht in Höhen über 80 km angenommen werden mußte, wobei die

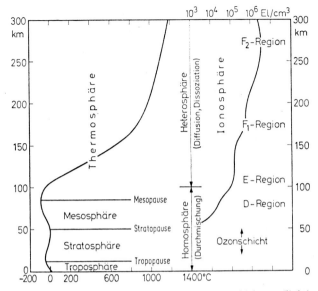

Abb. 2. Aufbau der Atmosphäre nach der Temperaturschichtung (links), nach der Zusammensetzung der Luft (Mitte) und nach der Elektronendichteverteilung (rechts)

Reflexionsfrequenz sehr von der Tages- und Jahreszeit und auch von der Sonnenaktivität abhängig ist. Heute sind wir über den physikalischen Zustand dieser hohen Luftschichten schon sehr gut informiert.

Man bezeichnet dieses Stockwerk der Atmosphäre auch als *Ionosphäre*, da dort die atmosphärischen Gase zu einem merklichen Bruchteil durch Strahlung von außen her ionisiert sind. Die Dicke dieser Ionosphäre unterliegt großen Schwankungen. Man nimmt im allgemeinen eine Untergrenze von 60—80 km und eine Obergrenze von etwa 1000—2000 km an. Man unterscheidet im wesentlichen zwischen einer D-, E- und F-Region. Ein Maß für die „Wirksamkeit" der Schichten ist die (in der Abb. 2 eingezeichnete) Elektronenkonzentration, die allerdings starken Schwankungen unterliegt.

Die Erforschung dieser Schichten ist eine eigene Wissenschaft geworden. Sichtbarer Ausdruck eines Teiles der Prozesse in der

Ionosphäre sind die prachtvollen Phänomene der Polarlichter und das Nachthimmelsleuchten. So eindrucksvoll diese Naturerscheinungen und so bedeutungsvoll das Studium der Ionosphäre, insbesondere für Rundfunkübertragung und ähnliche Probleme auch sein mögen, sind bisher keine Anzeichen vorhanden, daß das Wettergeschehen durch Vorgänge in so großer Höhe beeinflußt wird. Dies wäre auch angesichts der geringen Luftdichte äußerst unwahrscheinlich. Die Wetterprozesse spielen sich eben in den untersten Luftschichten, im allgemeinen unterhalb rund 15 km Höhe ab.

## 3. Die Sonne als Energiequelle

Als einzige ernsthaft in Betracht zu ziehende Energiequelle für unser Wettergeschehen und als diejenige, die die ganze atmosphärische Zirkulation aufrechterhält, ist die Sonne anzusehen. Neben der Sonnenstrahlung sinken die anderen Strahlungsquellen zu völliger Bedeutungslosigkeit ab. So erreicht beispielsweise die Gesamtstrahlung des Mondes nur den einhunderttausendsten Teil des Betrages der Sonnenstrahlung. Und dauernd Vollmond vorausgesetzt, könnte dessen Strahlung in einem ganzen Jahr nur eine 2 mm dicke Eisschicht auf der Erdoberfläche zum Schmelzen bringen. Aber auch die Wärme des Erdkörpers selbst kann nicht viel Energie liefern. Wir wissen, daß in rund 20 m Tiefe die jährliche Temperaturschwankung, die an der Erdoberfläche bekanntlich sehr groß sein kann, verschwindet und in tieferen Schichten das ganze Jahr über die Temperatur im wesentlichen konstant verbleibt. Sie nimmt aber nach abwärts im Mittel auf 100 m um etwa 3° C zu (geothermische Tiefenstufe). Man kann nun leicht abschätzen, welcher Wärmestrom ständig vom Erdinnern zur Oberfläche fließt. Dies hängt von der (durch die chemische Beschaffenheit der Bodenbestandteile bestimmten) Wärmeleitfähigkeit ab. Man gelangt zu einem Wert von höchstens 0,6 bis $1,0 \cdot 10^{-5}$ W/cm$^2$. Eine Überschlagsrechnung ergibt hier, daß mit diesem Wärmestrom eine Eisschicht von etwa 1 cm zum Schmelzen gebracht werden könnte, was wiederum gegenüber dem tatsächlichen Wärmeumsatz an der Erdoberfläche vernachlässigbar klein ist.

Die Erde selbst trägt also zur Erwärmung der Lufthülle nur insofern bei, als die obersten Schichten (insbesondere auch das Meerwasser) als Speicher der zugestrahlten Sonnenenergie fungieren und daher eine wichtige Rolle im Wärmehaushalt der Atmosphäre spielen. Denn die Heizung unserer Lufthülle geht in der Hauptsache so vor sich, daß die Sonnenstrahlung die Atmosphäre durchsetzt, ohne dabei letztere beträchtlich zu erwärmen. Erst an der Erdoberfläche wird die Strahlung absorbiert, wodurch sich der Erdboden erwärmt und nun von der Unterlage her die Luft aufheizt, ähnlich wie ein Kochtopf auf der heißen Herdplatte erwärmt wird.

Die Strahlung der Sonne ist es also, die die atmosphärische Maschine in Gang setzt und damit den Kraftstoff für das Wetter liefert. Die Intensität der Sonnenstrahlung beträgt am Rande der Atmosphäre auf einer zur Einstrahlungsrichtung senkrecht orientierten Auffangfläche rund 1400 W/m$^2$. Dieser Wert wird wegen seiner nur geringfügigen Schwankungen auch Solarkonstante genannt. Ein Vergleich mit den oben angeführten Wärmeleistungen durch Mond und Erde zeigt, wie sehr die Sonne als Energiequelle dominiert.

Was verstehen wir aber unter Strahlung und welchen physikalischen Gesetzen unterliegt sie?

Jeder Leser weiß, daß die Sonnenstrahlung ein ganzes Spektrum von Wellenlängen umfaßt, welches sich vom ultravioletten über den sichtbaren bis zum infraroten Bereich erstreckt. Die Physik lehrt uns, daß jeder Körper (elektromagnetische) Strahlung aussendet (z.B. auch die Erde). Die Gesamtintensität und die Zusammensetzung hinsichtlich des Spektralbereiches zeigt eine starke Temperaturabhängigkeit (Strahlungsgesetz von Max Planck). Die Zusammensetzung einer Strahlung im Hinblick auf ihre Intensität in den verschiedenen Wellenlängenbereichen liefert uns eine Angabe über die Temperatur des Strahlers. Umgekehrt können wir die Strahlungskurve für einen Strahler konstruieren, wenn wir seine Temperatur kennen. Die größte Intensität der Sonnenstrahlung liegt bei einer Wellenlänge von 0,47 Mikron (ein Mikron ist gleich einem Tausendstel Millimeter und wird mit μm bezeichnet),[1] und das entspricht einer effektiven Strahlungstemperatur der

---

[1] Im Sprachgebrauch der neuen internationalen Einheiten wird das Mikron Mikrometer genannt.

Sonne von rund 6000° absoluter Temperatur. Demgegenüber strahlt der Erdboden in einem Wellenlängenbereich, der eine maximale Intensität von etwa 10—15 Mikron aufweist, also in einem Bereich, der weit im unsichtbaren infraroten Wellenspektrum liegt. Deswegen wird die Erdausstrahlung auch vielfach als langwellige Wärmestrahlung bezeichnet.

Bei der Beurteilung eines Strahlers ist es erforderlich zu wissen, in welcher Entfernung sich die Strahlungsquelle von der Auffangfläche befindet. Eine punktförmige Strahlungsquelle bzw. eine solche, die nach allen Richtungen gleichförmig ausstrahlt, bestrahlt eine Kugeloberfläche. Entfernen wir uns von der Strahlungsquelle, so nimmt die Intensität mit dem Quadrat der Entfernung ab, da bekanntlich die Kugeloberfläche proportional dem Quadrat des Radius ist. Die Sonne ist im Durchschnitt rund 150000000 km von der Erde entfernt. Wie wir gesehen haben, ist trotz dieser Entfernung die Intensität der die Erde erreichenden Sonnenstrahlung beachtlich groß.

Die Tatsache, daß die Strahlung mit Annäherung an die Strahlungsquelle rasch zunimmt, war schon dem großen Künstler der griechischen Sage Dädalus bekannt, als er seinem ungestümen Sohn Ikarus den wohlmeinenden Rat gab, mit den von ihm verfertigten Flügeln der Sonne nicht zu nahe zu kommen. Aber eines konnte er noch nicht wissen, daß nämlich die Sonne auch noch andere Strahlen emittiert, die unsichtbar sind, die wegen ihrer geringen Gesamtintensität keine besondere Wärmewirkung ausüben, die aber nichtsdestoweniger für den Menschen äußerst gefährlich sein können. Und zwar sind es nicht nur elektromagnetische Strahlen von sehr kurzer Wellenlänge (Ultraviolett-, Röntgenstrahlen), sondern auch atomare Korpuskeln (vornehmlich Elektronen und Protonen), die uns von der Sonne zugesandt werden. Während aber die Gesamtintensität im sichtbaren Bereich kaum schwankt, unterliegen die eben angeführten Strahlungskomponenten mehr oder weniger großen Variationen, die in eindeutigem Zusammenhang mit den auf der Sonnenoberfläche beobachtbaren eruptiven Vorgängen und auch mit den bekannten Sonnenflecken stehen.

Schließlich gelangt noch eine Strahlung, die sogenannte *kosmische Strahlung*, zu uns, die primär aus sehr schnellen Korpuskeln verschiedenster Art (Atomkernen, vornehmlich Protonen) besteht und direkt aus dem Weltraum oder auch von der Sonne in die Atmosphäre eindringt.

Wir brauchen uns aber über die Gefährdung durch die Korpuskelstrahlung keine großen Sorgen zu machen. Ähnlich wie der Röntgenologe sich vor zu starker Strahlung durch Anlegen einer Bleischürze schützt, hat sich die Erde mit einer Reihe von Schutzhüllen umgeben, die zwar nicht so kompakt sind wie ein Bleipanzer, aber genauso wirkungsvoll. Da ist zunächst einmal das Magnetfeld der Erde. Hier stellt sich vor allem für die von der Sonne emittierten Partikel, die elektrisch geladen sind, ein gewaltiges Hindernis entgegen, um die Erdoberfläche zu erreichen. Der „*Sonnenwind*", wie man nicht ganz glücklich die von der Sonnenoberfläche ausgestoßene und auf die Erde mit einer Geschwindigkeit von rund 500 km/s zueilende Gaswolke *(Plasma)* nennt, bekommt bereits in einer Entfernung von etwa 10 Erdradien (rund 63 000 km) die Wirkung des Magnetfeldes der Erde zu spüren, weil es in dieser Entfernung zu einem Gleichgewicht zwischen der kinetischen Energiedichte des Plasmas und der magnetischen Energiedichte des Erdmagnetfeldes kommt. Dadurch wird das Plasma an der Erde vorbeigeführt. Bei eruptiven Vorgängen auf der Sonne *(Sonnenfackeln)* erhöht sich die Geschwindigkeit des Sonnenwindes auf das Dreifache. Nur die energiereichsten Teilchen gelangen in die obersten Atmosphärenschichten und infolge ihrer elektrischen Ladung in die Einfallszone der magnetischen Kraftlinien, die sie in die Nähe der Pole führen.

Der magnetische Schutzgürtel versagt allerdings bei der reinen Wellenstrahlung (Röntgen- und Ultraviolettstrahlung) und auch bei einem Großteil der hochenergetischen Partikel der kosmischen Strahlung. Hier müssen bereits die obersten Luftschichten in Aktion treten, um die notwendige Abschirmung zu übernehmen.

Im einzelnen ist der Vorgang sehr verwickelt, insbesondere was die Lebensgeschichte der kosmischen Strahlung anbelangt. Durch Zusammenstoß mit den Luftmolekülen entstehen andere Partikel, die zum Teil elektrisch geladen, jedenfalls aber energieärmer sind als die Primärteilchen. Eine besondere Rolle spielen dabei Neutronen, also ungeladene Teilchen, die wieder zurück in den Weltraum reflektiert werden (sogenannte *Albedo-Neutronen*).

Doch kommen sie nicht sehr weit, da sie bald zerfallen, und nun ihre elektrisch geladenen Spaltprodukte vom Magnetfeld eingefangen werden. Diese Teilchen stellen eine Quelle für die Strahlungsgürtel um die Erde *(van-Allen-Strahlungsgürtel)* dar, deren Entdeckung erst durch die künstlichen Satelliten erfolgte. Nach neuesten Untersuchungen gelangen Protonen und Elektronen auch auf anderen Wegen in die Strahlungsgürtel, doch ist diese Frage noch nicht restlos geklärt.

Ein Beiprodukt des Zusammenstoßes der Primärteilchen der kosmischen Strahlung mit den Luftmolekülen ist eine sehr kurzwellige Gammastrahlung *(Bremsstrahlung)*, die schon lange bekannt ist und im Laboratorium beim radioaktiven Zerfall beobachtet werden konnte. Sie ist noch gefährlicher als die Röntgenstrahlung. Doch wir können unbesorgt sein. Denn nur ein sehr geringer Teil dieser Strahlung gelangt bis zur Erdoberfläche. Es werden nämlich alle kurzwelligen Strahlen durch Absorption geschwächt. Bei der Absorption handelt es sich um eine Umwandlung der elektromagnetischen (Strahlungs-)Energie in eine andere Energieform durch einen irreversiblen Prozeß, der zur Ionisation, Dissoziation und Erwärmung führt. Der Absorptionsvorgang des kurzwelligen Teiles der UV-Strahlung der Sonne setzt bereits in den höchsten Luftschichten (Ionosphäre) ein, weit oberhalb des Gebietes, in dem die Umwandlung der kosmischen Strahlung stattfindet. Diese Absorption führt im wesentlichen zur Ionisation des atomaren und molekularen Sauerstoffs, des molekularen Stickstoffs und des Stickstoffmonoxids. Dabei werden bereits die kurzwelligsten Strahlungen (kleiner als 0,2 Mikron) fast vollständig absorbiert. Doch ist auch noch die UV-Komponente zwischen 0,2 und 0,3 Mikron sehr gefährlich. Diese und die oben erwähnte sekundäre kosmische Strahlung werden aber in tieferen Schichten ebenfalls fast vollständig absorbiert. Dabei spielt das Ozon eine wichtige Rolle. Die Bildung von Ozon kann erst erfolgen, wenn vorher atomarer Sauerstoff durch Dissoziation von $O_2$ entstanden ist. Ist jedoch Ozon vorhanden, absorbiert es selbst sofort die UV-Strahlung, wodurch es wieder zerfällt. Dieses ständige Spiel der Entstehung und Vernichtung von Ozon führt dazu, daß die Schicht mit der höchsten Temperatur in der Mesosphäre (rund 50 km), also die Schicht, in der Ozon erzeugt wird, nicht mit derjenigen des größten Gehaltes an Ozon zusammenfällt (20 bis 30 km). Im übrigen findet die stärkste Ionisation der Atmosphäre durch die kosmische Strahlung erst in etwa 20 km Höhe statt.

Für die Betrachtungen über den Wärmehaushalt unserer Lufthülle bleibt die Erkenntnis, daß das Sonnenspektrum praktisch bei einer Wellenlänge von 0,3 Mikron abgeschnitten ist, wenn die Strahlung in die Troposphäre eindringt. Mit dem Eintritt in die für unser Wettergeschehen verantwortlichen Luftschichten beginnt eine Modifikation der Sonnenstrahlung, die von eminenter Bedeutung für den Energieumwandlungsprozeß ist. Im allgemeinen gehen die Atmosphäre und die Erdoberfläche mit dem dargebotenen „Heizstoff" recht verschwenderisch um. Nur ein geringer Teil wird genützt. Doch er reicht aus, um genügend Energie für den Wetterablauf, insbesondere für den wichtigsten Faktor desselben, den Wasserkreislauf, zu liefern und die für das biologische Geschehen auf der Erde notwendigen Temperaturen zu erhalten.

Wir haben bereits erwähnt, daß die (extraterrestische) Sonneneinstrahlung rund 1400 W/m² ausmacht. Dies gilt für eine normal zur Einfallsrichtung orientierte Auffangfläche. Bei schrägem Einfall ist die Intensität entsprechend geringer. Daher hängt die zugestrahlte Intensität zunächst sehr wesentlich vom Sonnenstand ab (wirksamer Strahlungsquerschnitt, in der Physik auch Lambertsches Kosinusgesetz genannt). Der Sonnenstand schwankt aber bekanntlich mit der geographischen Breite, mit der Tages- und Jahreszeit. Daher werden die niedrigen Breiten im allgemeinen viel mehr Energie zugestrahlt erhalten als die höheren, und diese natürlich wiederum im Sommer mehr als im Winter.

Wir wollen eine Überschlagsrechnung durchführen. Die von der Sonne der Erde zugestrahlte Gesamtintensität entspricht einer Auffangfläche von der Größe einer Kreisfläche mit dem Erddurchmesser. Innerhalb 24 Std. verteilt sich aber diese Energiemenge wegen der Eigenrotation der Erde auf die ganze Erdoberfläche. Da nun die Kugeloberfläche bekanntlich viermal so groß ist wie die Fläche eines Großkreises, können wir nur ein Viertel des Betrages der Strahlung als verfügbare Menge für die ganze Erdoberfläche ansetzen. Dies ergibt dann 350 W/m² im Mittel für die ganze Erdoberfläche.

Verfolgen wir nun die Lebensgeschichte der Strahlung beim Durchlaufen der atmosphärischen Luftschichten (Abb. 3). Als Folge von Streuung, Absorption und Reflexion tritt eine Schwächung der Intensität auf. Von der Absorption der UV-Strahlung durch das Ozon war schon die Rede. Auch der Wasserdampf, das Wasser in den Wolken und das Kohlendioxid absorbieren gewisse Wellenlängenbereiche der Sonnenstrahlung. Die wesentlichen Ab-

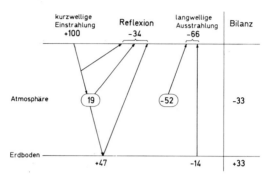

Abb. 3. Strahlungsbilanz der Atmosphäre in Prozent

sorptionsbanden dieser Bestandteile liegen jedoch im langwelligen Bereich, betreffen also vor allem die Ausstrahlung der Erde (Abb. 4).

Unter Streuung verstehen wir eine Richtungsänderung der einfallenden Strahlung, ohne daß die Gesamtintensität geschwächt wird. Diese Streuung erfolgt bereits an den Luftmolekülen, wobei der kurzwellige Teil des Spektrums (blauer Bereich) ungleich stärker zerstreut wird als der langwellige (roter Bereich). Dies führt dazu, daß wir bei klarem Wetter den Himmel blau, die auf- oder untergehende Sonne jedoch rot sehen.

Eine spezielle Form der Streuung ist die Reflexion. Ein guter Teil der Sonnenstrahlung wird reflektiert, geht also für den atmosphärischen Wärmeprozeß verloren (Abb. 3). Die Reflexion ist stark von der reflektierenden Oberfläche abhängig und kann bereits an der Obergrenze der Wolken erfolgen. Jeder, der einmal Gelegenheit hatte, in einem Flugzeug über den Wolken zu fliegen, wird sich erinnern, wie blendend weiß die Wolken von oben aus-

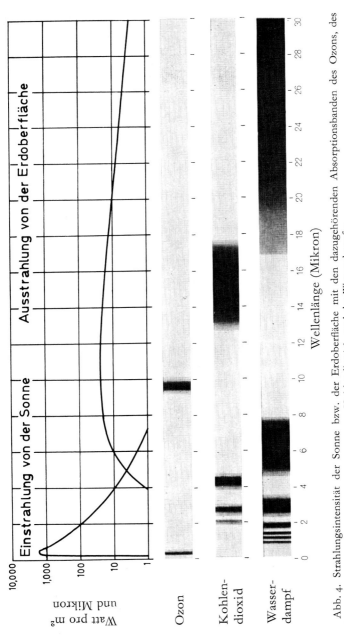

Abb. 4. Strahlungsintensität der Sonne bzw. der Erdoberfläche mit den dazugehörenden Absorptionsbanden des Ozons, des Kohlendioxids und des Wasserdampfes

sehen. Sie reflektieren sehr stark, ähnlich wie ein mit Schnee bedeckter Erdboden (in diesen Fällen gehen 60—90% der Sonnenstrahlung wieder ungenützt in den Weltraum zurück). Aber diese Reflexion unterliegt großen Schwankungen. Gewöhnlicher Erdboden reflektiert nur mehr 10—15%. Das Reflexions- und damit auch das Absorptionsvermögen ist im allgemeinen für Licht verschiedener Wellenlängen sehr unterschiedlich. Diesem Umstand verdanken wir, daß die Natur in ihrer ganzen Farbenpracht zu sehen ist.

Ein Teil des Streulichtes und das an Wolken und Erdoberfläche reflektierte Licht gelangen zurück in den Weltraum. Man nimmt heute auf Grund von Überlegungen über die Dichte der Bewölkung, die Beschaffenheit der Erdoberfläche und auf Grund theoretischer Ergebnisse über den Zerstreuungsprozeß an, daß im Mittel 34% der Sonnenstrahlung auf diese Weise verlorengehen.

Was geschieht mit dem Rest? Ein Teil bleibt trotz des verhältnismäßig geringen Absorptionsvermögens von Wasserdampf und Kohlendioxid im *sichtbaren* Wellenbereich in der Atmosphäre stecken, und zwar rund 19%, so daß nur 47% zum Erdboden gelangen und dort absorbiert werden. Allerdings verliert die Erdoberfläche sofort wieder Energie durch Ausstrahlung, doch wegen der relativ niedrigen Strahlungstemperatur in einem ganz anderen Wellenbereich (Abb. 4). Der Verlust ist aber nicht groß. Wir sehen aus Abb. 4, daß für die Ausstrahlung der Erde der Wasserdampf und das Kohlendioxid starke Absorptionsbanden bereithalten, die viel davon absorbieren und ihrerseits wieder zur Erde zurückstrahlen. Es tritt hier das ein, was man auch die *Glashauswirkung* der Atmosphäre nennt, und was jedem Gärtner bekannt ist, der im Glashaus zwar die für die Assimilation der Pflanze notwendigen Sonnenstrahlen herein, aber die eine Abkühlung des Raumes verursachenden langwelligen Ausstrahlungen nur zu einem geringeren Teil durch die Fenster hinausläßt. Die Rolle des Glases übernimmt in der Atmosphäre der Wasserdampf, das Wasser in den Wolken und das Kohlendioxid. Jedenfalls gehen dem Erdboden von den einlangenden 47% nur 14% verloren, so daß wir eine positive Strahlungsbilanz von 33% vermerken können.

Was geschieht nun mit dieser Wärmemenge? Im wesentlichen gibt die Erdoberfläche diese Menge wieder an die Atmosphäre ab.

Wäre es nicht so, dann würde eine ständige Temperaturzunahme auf der Erdoberfläche die Folge sein. Andererseits braucht die Atmosphäre dringend diese Wärmezufuhr von unten, um ihr Strahlungsdefizit auszugleichen. Gerade wegen der erwähnten starken Absorptionsfähigkeit des Wasserdampfes im langwelligen Bereich strahlt nämlich die Atmosphäre selbst nach oben und unten stark aus und verliert dabei 52 %, so daß die von der Sonnenstrahlung stammenden 19 % ein Defizit von 33 % übriglassen, das gerade durch den Überschuß der Erdoberfläche gedeckt werden kann.

Hier setzt die schon früher erwähnte Erwärmung von unten ein. Allerdings geschieht dies nicht durch einfache Wärmeleitung. Dies wäre nicht sehr wirksam, da die Luft ein außerordentlich schlechter Wärmeleiter ist. Zwei Vorgänge sind maßgebend beteiligt: *Die thermische Konvektion* und *die Turbulenz*. Letztere ist ein im einzelnen sehr verwickelter Vorgang. So wie in dem Topf auf dem Herd das erwärmte Wasser in regellosem Durcheinander wallt und brodelt, so sehen wir an einem heißen Sommertag das Flimmern der Luft, verursacht durch das Aufsteigen der erhitzten und das Absteigen kühlerer Luft. Jedenfalls handelt es sich hier zum Unterschied von der eigentlichen Wärmeleitung um auf- und abwärts bewegte Luftmassen, die derart einen viel wirksameren Temperaturausgleich hervorrufen. Aber das allein genügt noch nicht, um eine Überhitzung der Erdoberfläche zu verhindern. Sehr wesentlich ist noch die Abkühlung durch Verdunstung. Rund 2500 J werden benötigt, um 1 g Wasser vom flüssigen in den gasförmigen Zustand zu bringen. Der Verdunstung sind durch Erreichung des Sättigungsdampfdruckes, der von der Temperatur abhängt, Grenzen gesetzt, wovon noch im fünften Kapitel ausführlich die Rede sein wird. Da Dreiviertel der Erdoberfläche aus Wasser besteht, ist die Abkühlung durch den Verdunstungsprozeß viel größer als diejenige durch Konvektion und Turbulenz.

Soweit sieht unsere Überschlagsbetrachtung sehr plausibel aus. Sie hat nur den Fehler, daß sie die Verhältnisse zu stark vereinfacht, was aber bei einer „globalen Mittelung" eigentlich nicht wundernehmen darf. Immerhin ist es für den Meteorologen wichtig, festzuhalten, daß im Mittel etwa 33 % der zugestrahlten Energie für die Heizung der unteren Luftschichten und für die Ankurbelung des Wasserkreislaufes zur Verfügung stehen und daß ein ständiger Nachschub von Wärme von unten her notwendig ist, um eine Abkühlung der Luftschichten zu verhindern, da die Strahlungsbilanz der Atmosphäre selbst stark negativ ist. Wie sehen aber die Verhältnisse im einzelnen aus?

Die ausgewiesene Menge an zugeführter Strahlung ist natürlich in den niedrigen Breiten viel größer, in hohen viel kleiner als der Durchschnittsbetrag. In der Polarnacht bleibt schließlich von der ganzen Strahlungszufuhr nur die atmosphärische Gegenstrahlung übrig. In der Abb. 5 ist schematisch die Wärmebilanz der Erde in Abhängigkeit von der geographischen Breite angegeben. Aber auch hier handelt es sich um Durchschnittswerte. Sie können im Einzelfall beträchtlich unter- oder überschritten werden. Dies kommt vor allem daher, daß die Beschaffenheit der Erdoberfläche bei der Verwertung der zugestrahlten Energie eine große Rolle spielt. Der feste Boden verwertet die zugestrahlte Wärme nur in einer sehr dünnen Schicht, die sich deshalb rasch erwärmt und tagsüber viel Wärme an die Luft abzugeben vermag. Bei Nacht kühlt sich der Boden dafür stark ab, wodurch auch die Temperatur der unteren Luftschichten erniedrigt wird. Ganz anders die Wassermassen! Im Wasser kann die Strahlung tiefer eindringen, und

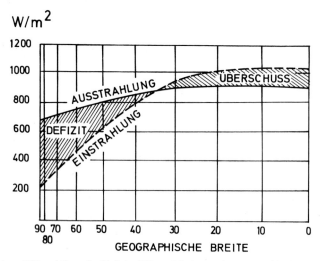

Abb. 5. Wärmebilanz der Erde in Abhängigkeit von der geographischen Breite

überdies verursacht der Wind eine starke Durchmischung, so daß die gleiche Wärmemenge einer ungleich größeren Masse zugeführt wird, deren Temperaturanstieg bei weitem nicht so groß ist wie jener bei festem Boden. Eine Wasserfläche gibt auch große Wärmemengen an die Luft ab, aber vornehmlich durch Verdunstung. Die Verdunstung führt für die Wassermasse zwar zu einem Wärmeentzug, aber nicht unmittelbar zu einer Erwärmung der Luft. Es handelt sich hier um Transport von latenter Wärme. Der Wasserdampf gibt diese latente Wärme erst dann wieder ab, wenn es durch Abkühlung zu Kondensation (Wolkenbildung) kommt. Bei Nacht und im Winter sinkt die Temperatur der Luft über dem Wasser nicht so tief wie über der festen Erdoberfläche, weil das an der Wasseroberfläche durch Ausstrahlung, Verdunstung und konvektive Wärmeabgabe erkaltete Wasser in die Tiefe sinkt und dafür wärmeres Wasser zur Oberfläche aufsteigt.

Wärmewirtschaftlich gesehen sind die Landmassen Verschwender, die Wassermassen Sparmeister. Die Speicherung der Wärme für die Zeiten der Wärmeabgabe in der Nacht und im Winter ist eine der wichtigsten Funktionen der Meere. So kommt es, daß bei Tag und im Sommer die Luft über dem Festland wärmer ist als über dem Meer, während es sich bei Nacht und im Winter gerade umgekehrt verhält; der wesentliche Gegensatz zwischen Land- und Seeklima, ein Faktor, der auch unser Wettergeschehen maßgeblich beeinflußt. In ähnlicher Weise wirkt auch ein großer Binnensee auf das Klima seiner Umgebung ein.

Natürlich bestehen auch auf dem festen Land in bezug auf die Wärmeaufnahme große Unterschiede je nach der Oberflächenbeschaffenheit. Nackter, trockener Boden erwärmt sich viel kräftiger tagsüber und kühlt sich dafür nachts auch stärker ab als eine Gras- oder Waldfläche. Da auf dem festen Land die Beschaffenheit der Erdoberfläche von Ort zu Ort rasch wechselt, ist es verständlich, daß mitunter innerhalb geringer Distanz beträchtliche Temperaturunterschiede auftreten können. Einen besonderen Einfluß auf den Wärmehaushalt der bodennahen Luftschichten übt eine Schneedecke aus. Obwohl im Polarsommer der Boden ununterbrochen von der Sonne beschienen wird, erwärmen sich Boden und Luft nur sehr wenig. Dies hat einerseits seinen Grund im starken Reflexionsvermögen der Schneedecke, zum anderen aber auch darin, daß die zugeführte Wärme zum Schmelzen von Schnee und Eis verwendet werden muß, bevor eine Heizung über den Gefrierpunkt in Frage kommt. Zwar macht die Schmelzwärme von Eis mit etwa 335 J/g nur einen Bruchteil der Verdampfungswärme aus, doch verzögert dies die Heizung ganz beträchtlich. Dieser Prozeß ist natürlich auch außerhalb der Polargebiete im Winter für die Vorhersage der Temperatur wichtig. Bei klarer Nacht sinkt die Temperatur einer Schneedecke rasch ab und erreicht wesentlich tiefere Nachtminima als bei kahlem Boden. Demgegenüber steigt die Temperatur tagsüber nicht über den Gefrierpunkt an.

Die eben geschilderten Verhältnisse haben auch zur Folge, daß die Temperatur gegenüber der Einstrahlungswelle eine Phasenverschiebung aufweist, die von der Beschaffenheit des Untergrundes abhängt. Etwas weniger wissenschaftlich ausgedrückt heißt dies, daß die höchste Temperatur sowohl im Tagesverlauf als auch im Jahresgang später auftritt als die maximale Einstrahlung. Bei schönem sommerlichem Wetter ist es am Festland nicht um die Mittagszeit, sondern erst zwischen 14 und 15 Uhr am wärmsten. Die heißesten Tage im Sommer treten auch nicht zur Zeit des höchsten Sonnenstandes auf, sondern erst 1—1½ Monate später. Und Ähnliches gilt für die kältesten Tage; doch ist hier auch ein großer Unterschied zwischen kontinentalem und ozeanischem Klima festzustellen.

Man darf sich nicht vorstellen, daß die in niedrigen Breiten der Erdoberfläche zugestrahlten Wärmemengen nur an Ort und Stelle zur Heizung der Luft verwendet werden. Für das Festland mag das noch zu Recht bestehen. Hier wird der Überschuß erst nach Erwärmung der Luft durch Windströmungen nach kälteren Gebieten verfrachtet. Anders aber im Ozean. Dort geschieht der Wärmeausgleich zu einem guten Teil durch mächtige Meeresströmungen, die das in niedrigen Breiten erwärmte Wasser in höhere verfrachten. Man braucht nur an den Golfstrom und seine Bedeutung für das Klima von West- und Nordwesteuropa zu denken, um ermessen zu können, welche gewaltigen Wärmemengen hier herangeschafft werden. In einer Breite, in der in Norwegen noch Getreide reift, ist in Nordamerika ewiges Eis vorhanden. Natürlich gibt es auch kalte Meeresströmungen, die dann wieder abkühlend auf die Luft in niedrigeren Breiten wirken, doch ist im ganzen der Einfluß der kalten Wasserströmungen geringer, weil die große Masse des schweren kalten Wassers sich nicht an der Oberfläche der Meere ausbreiten kann und deswegen mit der Luft nicht in Berührung kommt. Wie groß der Einfluß der Land- und Meeresverteilung auf die Temperaturen sein kann, zeigt eine Gegenüberstellung der beiden Orte Thorshaven und Jakutsk. Beide liegen in einer geographischen Breite von 62° N, Thorshaven auf den vom Golfstrom umspülten Faröerinseln, Jakutsk in Nordostsibirien.

|  | Thorshaven | Jakutsk |
|---|---|---|
| Mittlere Januartemperatur | 3,2°C | —42,9°C |
| Mittlere Julitemperatur | 10,8°C | 18,8°C |

Im Winter ist Thorshaven um 46,1° C wärmer als Jakutsk, während im Sommer Sibirien um 8° C wärmer ist als die ozeanische Station. Der Juli ist in Thorshaven nur um 7,6° C, in Jakutsk hingegen um 61,7° C wärmer als der Januar.

## 4. Die Entstehung der Luftströmungen

Wie sich auch im einzelnen die Erwärmung der Erdoberfläche durch die Sonnenstrahlung vollziehen mag, im Endeffekt treten jedenfalls mehr oder weniger markante Temperaturunterschiede auf, und im Mittel wird der Temperaturgradient im Sinne einer Temperaturabnahme vom Äquator zu den Polen gerichtet sein. Wir ersehen dies auch aus der Abb. 1, die wir schon im zweiten Kapitel besprochen haben, und die uns die mittleren Temperaturverhältnisse in den verschiedenen Höhenschichten veranschaulicht. Was ist nun die Folge differenzieller Erwärmung zweier benachbarter Luftmassen? Die Erfahrung lehrt uns, daß in diesem Fall die Luft in Bewegung gerät, also ein Wind entsteht.

Dies kann übrigens jedermann an einem schönen Sommertag am Meeresstrand beobachten. Morgens ist alles ruhig und still, kaum ein Windhauch rührt sich auf dem Wasser. Die Sonne steigt höher, und es setzt die rasche Erwärmung des Landes ein. Das Wasser kann da nicht Schritt halten. Hat die Aufheizung der Luft am Lande einen gewissen Betrag erreicht, erkennt man zunächst draußen am Meer das Aufkommen einer Windströmung, das

Wasser beginnt sich zu kräuseln. Allmählich nähert sich der Wind dem Strand, und es setzt der *Seewind* ein. Er läßt keine Hitze aufkommen und wird allgemein als willkommene Abkühlung empfunden. Bis in die Abendstunden herrscht der Seewind und flaut dann langsam ab. Wieder beginnt eine Zeit der Ruhe, bis die nächtliche Abkühlung am Land soweit fortgeschritten ist, daß sich das Temperaturgefälle Land—Meer umkehrt, und nun das Wasser wärmer ist als das Festland. Jetzt setzt eine Strömung vom Land zum Meer ein, die erst am Morgen wieder abflaut. So wechselt an schönen Tagen an der Küste der Seewind mit dem *Landwind* ab und zeigt uns im kleinen das Entstehen von Luftströmungen auf Grund eines Temperaturgefälles.

Was lernen wir aus diesem einfachen Beispiel? Der Seewind strömt vom kühlen Meer in das erwärmte Land und der nächtliche Landwind vom abgekühlten Land zu dem nachts wärmeren Wasser. Immer ist die Strömung zur *höheren* Temperatur gerichtet. Muß dies so sein? Gibt es nicht auch eine Strömung, die einen anderen Richtungssinn aufweist? Sicherlich gibt es das, die tägliche Erfahrung liefert dafür zahlreiche Beispiele. Sonst müßte ja jeder Wind Abkühlung bringen. Wie steht es also mit den warmen Luftströmungen: Muß eine Luftströmung überhaupt immer eine Temperaturänderung bringen? Auch das ist zu verneinen. Es gibt auch Bewegungen von einheitlich temperierten Luftmassen. Wir müssen mithin den Vorgang näher untersuchen. Tatsächlich zeigt sich, daß eine einwandfreie Erklärung der Entstehung von Luftströmungen bzw. eine physikalische Begründung der tagtäglich beobachteten Windsysteme gar nicht so einfach ist, wie dies nach unseren bisherigen Überlegungen vielleicht scheinen mag.

Aber kehren wir zunächst zum Land-Seewind zurück. Der Meteorologe wird die geschilderten Beobachtungstatsachen zur Kenntnis nehmen, aber sofort zu bedenken geben, daß eine Luftströmung nur dann in Gang gesetzt werden kann, wenn ein entsprechendes Druckgefälle vorhanden ist, d. h. wenn eine Kraftwirkung auf die Luft ausgeübt wird. Daher wäre vorerst zu erklären, wie durch den Temperaturunterschied der Luft über Land und Meer ein Druckunterschied entsteht. Die barometrische Höhenformel (2) lehrt uns, daß das Verhältnis des Druckes am unteren und oberen Ende einer Luftsäule konstanter Höhe nur vom

Betrag der Mitteltemperatur der Luft selbst abhängt. Bleibt der Druck am oberen Ende der Luftsäule ($P_z$) konstant, und erwärmen wir die Luft, so wird der Druck am Boden ($P_B = P_o$) kleiner. Kühlen wir sie dagegen ab, so wird $P_B$ größer. Daher muß (immer unter der Voraussetzung, daß der Druck „oben" unverändert bleibt) der Bodendruck bei Erwärmung der unteren Luftschichten über Land sinken und sich ein Druckgefälle vom Meer gegen das Festland einstellen, das dann den Seewind in Gang setzt.

Im übrigen kann sich jedermann von der Richtigkeit dieser Überlegung überzeugen, wenn er die Tür zwischen einem kalten und einem geheizten Zimmer öffnet und — in der Türöffnung stehend — mit Hilfe einer Kerzenflamme die Richtung des sich entwickelnden Luftaustausches zwischen beiden Räumen beobachtet. Nahe dem Boden fließt die Luft aus dem kalten Zimmer in das warme. In der Abb. 6 ist dieser Vorgang in einfachster Weise dargestellt. Im Anfangszustand I trennt eine Wand die in Ruhe befindlichen Luftmassen von unterschiedlicher Temperatur. Im Zustand II ist die trennende Wand entfernt worden. Die kalte Luft schiebt sich keilförmig in den ursprünglich warmen Raum vor. Dadurch wird die warme Luft in die Höhe gedrängt und fließt oben in den ursprünglich kalten Raum ab, wo sie absteigend den durch das Abfließen der Kaltluft frei werdenden Raum ausfüllt. Die Luftzirkulation ist geschlossen. Im Endzustand sind beide Luftmassen durch eine Grenzfläche voneinander getrennt, die waagrecht verläuft. In dieser Grenzfläche nimmt die Temperatur von unten nach oben sprunghaft zu. Die Luft ist zur Ruhe gekommen. Eine Bewegung findet nur solange statt, wie die Grenzfläche eine Neigung aufweist.

Wir können an diesem Beispiel auch die Luftdruckverhältnisse studieren. An der oberen Begrenzung bleibt der Luftdruck während der Umschichtung der Luft derselbe, nämlich $P_z$. Am Boden ist jedoch der Druck unter der schwereren Kaltluft höher als unter der Warmluftmasse. Das Barometer zeigt unter der Kaltluft $P_B + p'$, unter der Warmluft hingegen nur $P_B$. Die Luft folgt dem Druckgefälle und strömt am Boden zur höheren Temperatur, genau wie dies beim Seewind der Fall war. Das Druckgefälle besteht solange, wie die Grenzfläche zwischen den beiden nunmehr bewegten Luftmassen geneigt ist. Im Endzu-

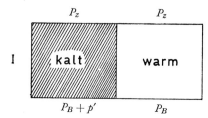

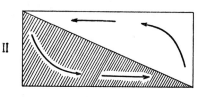

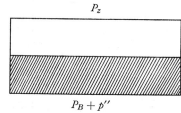

Abb. 6. Schematische Darstellung der Umschichtung von zwei verschieden temperierten Luftmassen

stand ist der Druck am Boden überall gleich $P_B + p''$, wobei $p''$ kleiner als $p'$ ist. Mithin ist der Druck im ursprünglich kalten Gebiet gefallen, im warmen dagegen gestiegen.

Wir wollen festhalten, daß es sich hier um ein Modell handelt, das nicht ohne weiteres auf die Vorgänge in der Atmosphäre angewendet werden darf. Erstens wurden die Temperaturunterschiede als gegeben vorausgesetzt, und zwar zwischen Luftmassen in getrennten Räumen. Überdies war die Zirkulation nach oben durch eine feste Begrenzung unterbunden. In der Natur gibt es keine trennenden Wände. Trotzdem ist es wichtig, aus dem Beispiel zu lernen, daß die Strömung am Boden nur ein Zweig einer in sich geschlossenen Zirkulation ist. Der Bodenströmung entspricht eine „*kompensierende*"
Höhenströmung in entgegengesetzter Richtung. Wir sind also einen Schritt weitergekommen. Bei einer durch Temperaturunterschiede entfachten Luftzirkulation strömt die Luft am Boden von der niedrigeren zur höheren, während die Rückströmung in der Höhe von der höheren zur tieferen Temperatur erfolgt.

Aus unserem Modell ist allerdings nicht ersichtlich, daß die Luft an der oberen Begrenzung des Raumes einem Luftdruckgefälle folgt, da dort derselbe Druck herrschen soll. In der Natur fällt auch die obere Begrenzung durch eine Wand fort. Doch kann man zeigen, daß auch in diesem Fall eine ähnliche Behauptung zurecht besteht. Wie nämlich S*andstroem* bewiesen hat, gilt folgender Satz: Eine geschlossene stationäre Zirkulation kann in der Erdatmosphäre nur bestehen, wenn die Wärmezufuhr bei hohem, der Wärmeentzug bei tiefem Druck erfolgt. Da in der Atmosphäre der Druck mit der Höhe abnimmt, bedeutet dies auch: In jeder stationären Zirkulation der Erdatmosphäre liegt die Wärmequelle unten, die Kältequelle oben. Nur wenn die Zirkulation derart verläuft, schöpft sie ihre Energie aus dem Wärmevorrat der verschieden temperierten Luftmassen und läuft im Sinne einer Wärmekraftmaschine. Würden wir von außen her (in unserem Modell etwa mittels eines Ventilators) eine entgegengesetzt gerichtete Luftbewegung entfachen, so müßte Arbeit gegen die thermodynamisch induzierten Druckkräfte geleistet werden. Die Richtigkeit dieser Behauptung kann aber noch auf andere allgemeingültige Weise verständlich gemacht werden.

In der Mechanik gibt es zwei Energieformen, die *potentielle* Energie (Energie der Lage) und die *kinetische* Energie (Energie der Bewegung). Solange wir rein mechanische Vorgänge betrachten, ist die Summe aus beiden Energien konstant. Vermindert man die potentielle Energie, so steigt die kinetische, und es tritt eine Bewegung ein. Als Resultat sinkt der Schwerpunkt in bezug auf das Gravitationsfeld der Erde (z. B.: Bewegung im freien Fall oder auf der schiefen Ebene).

Wir können ähnliche Überlegungen auch an unserem Zirkulationsmodell anstellen. Doch bedarf dies einer Ergänzung. In diesem Fall muß neben der potentiellen und der kinetischen Energie noch die *innere* Energie der Luft berücksichtigt werden. Hier handelt es sich um die Wärmemenge, die erforderlich ist, um die Luftmasse von einer Bezugstemperatur auf eine andere (höhere) zu bringen. Diese Energieform tritt als gleichwertiger Partner zu der potentiellen und kinetischen Energie hinzu. Bewegung, also Zunahme der kinetischen Energie, erfolgt auf Kosten der potentiellen und der inneren Energie. Dabei kann die vorhandene potentielle Energie nie vollständig in kinetische umgewandelt werden. Ein gewisser Betrag der potentiellen Energie bleibt immer übrig. Man nennt den Teil, der für eine Umwandlung in kinetische oder andere Energie zur Verfügung steht, auch die „Available Potential Energy". Man sieht, daß hier die Verhältnisse gegenüber dem rein mechanischen Vorgang komplizierter geworden sind. Doch läßt sich zeigen, daß für eine Luftsäule die potentielle und innere Energie immer in einem konstanten Verhältnis stehen müssen (Satz von MARGULES). Die potentielle Energie beträgt rund 40% der inneren Energie. Steigt die innere Energie, indem die Luftsäule erwärmt wird, so nimmt die potentielle Energie gleichfalls zu, und der Schwerpunkt der Luftsäule verlagert sich nach oben.

Nun können wir die Entstehung von Luftströmungen zwischen zwei verschieden temperierten Luftkörpern besser verstehen lernen. Maßgebend dafür, daß eine Bewegung durch Energieausgleich entsteht, ist, daß der Schwerpunkt des Systems (mittlerer Schwerpunkt der beiden Luftmassen) im Endzustand tiefer liegt als im Anfangszustand. Kehren wir zu dem Modell des Land-Seewindes zurück. Anfangs ist die Luftsäule über Meer und Land gleich temperiert, der Schwerpunkt befindet sich im gleichen Niveau. Wird jedoch die Luft über Land stärker erwärmt, so steigt die innere und damit auch die potentielle Energie. Die Folge ist eine Verlagerung des Schwerpunktes nach oben. Jetzt kann Bewegungsenergie aus dem System gewonnen werden. Der Ausgleich erfolgt derart, daß in der Höhe Luft vom erwärmten Land zum Meer fließt, während am Boden die Strömung vom kälteren Meer in Richtung Festland erfolgt. Dadurch breitet sich die *kältere Luft unten*, die *wärmere oben* aus, und der Schwerpunkt des Systems sinkt. Wesentlich ist, daß die Zirkulation geschlossen ist, indem über dem Land eine aufsteigende, über dem Meer eine absteigende Luftbewegung auftritt. Wenn die Erwärmung (Zufuhr an innerer Energie) über Land aufhört, kommt der Kreislauf zum Stillstand.

Was sich an den Küsten als Land-Seewind entwickelt, findet man im Gebirge bei schönem Wetter auch als sogenannten Berg- und Talwind. Tagsüber weht der Talwind bergwärts, nachts stellt sich der kühle Bergwind ein.

Aber noch viel mächtigere Strömungen lassen sich auf ähnliche Weise erklären. Betrachten wir ein allseits (oder zum überwiegenden Teil) von Wasser umgebenes Festland, so können grundsätzlich ähnliche Überlegungen angestellt werden, wenn an Stelle von Tag und Nacht die Jahreszeiten Sommer und Winter herangezogen werden. Hierbei handelt es sich um die *Monsunwinde*, die bekanntlich vor allem in Südostasien dem Wettergeschehen das Gepräge geben. Im Sommer strömen die Luftmassen vom kühleren Meer gegen das warme Festland (Sommermonsun), während der Wintermonsun aus dem kalten Festland auf das wärmere Meer hinausweht. Auch die Gegenströmung in der Höhe ist bei diesen gewaltigen Zirkulationsformen vorhanden.

Unsere Betrachtungen sind bestechend einfach und haben doch einige Schönheitsfehler. Wir haben schon festgehalten, daß keineswegs der Wind nahe der Erdoberfläche immer vom kälteren zum wärmeren Gebiet wehen muß. Wie läßt sich dies verstehen? Offenbar müssen noch andere Kräfte wirksam sein, welche die zunächst thermisch in Gang gesetzte Luftströmung ablenken. Grundsätzlich kommen Kraftwirkungen in Frage, die dadurch auftreten, daß die Erde rotiert, die Luftbahnen gekrümmt sein können und Reibungskräfte an der Erdoberfläche vorhanden sind.

Wir haben bereits bei der Luftdruckmessung von der durch die Erddrehung verursachten Zentrifugalkraft gesprochen, die sich in einer Verminderung der Erdanziehung bemerkbar macht. Für einen Körper, der auf der Erdoberfläche ruht, ist dies auch die einzige Kraftwirkung, die er infolge der Drehung der Erde um ihre Achse zu spüren bekommt. Anders liegen die Verhältnisse, wenn der Körper eine Eigenbewegung relativ zur Erdoberfläche ausübt, wie die strömende Luft. Es ist nicht leicht, ohne mathematische Hilfsmittel eine einwandfreie Erklärung der Größe und Wirkungsweise dieser ablenkenden Kraft, die nach ihrem Entdecker, einem französischen Ingenieur, auch als *Corioliskraft* bezeichnet wird, zu geben.

Qualitativ läßt sich etwa auf folgende Weise argumentieren. Wir betrachten zunächst eine rein zonal (west-östlich) orientierte Bewegung. Ein Körper, der sich in bezug auf die Erde nach Osten bewegt, bewegt sich schneller um die Erdachse als die Erde selbst, die Fliehkraft ist größer als in der Ruhe, die Erdanziehung scheinbar geringer. Umgekehrt ist ein nach Westen bewegter Körper langsamer als die Erddrehung, und daher die Fliehkraft, die auf ihn wirkt, kleiner als in der Ruhe. Ein nach Osten bewegter Körper scheint leichter, der nach Westen bewegte schwerer zu sein als der in Ruhe befindliche. Und dieser Effekt ist um so größer, je größer der Betrag der Relativgeschwindigkeit ist. Wir haben hier *eine* Wirkung der Corioliskraft, nämlich den senkrechten Anteil, erkannt. Er spielt bei langsamen Bewegungen keine Rolle. Beim Gehen von rund 4 km/h erreicht er bei uns nur etwa den 100000. Teil der Gravitationskraft. Bei schnellen Flugzeugen und Geschossen ist der senkrechte Anteil aber merklich. Bei den normalerweise in der Atmosphäre vorkommenden Windgeschwindigkeiten kann dieser Effekt vernachlässigt werden.

Anders liegen die Verhältnisse in der Horizontalebene. Betrachten wir wiederum eine Strömung parallel zu einem Breitenkreis. Die durch die Bewegung hervorgerufene Fliehkraft wirkt normal zur Erdachse, und diese Richtung fällt nur am Äquator mit derjenigen der Erdanziehung zusammen. Dort ist in der Tat die eben besprochene vertikale Corioliskraft die einzige Wirkung der Zusatzbewegung. In allen übrigen Breiten muß eine Komponentenzerlegung vorgenommen werden derart, daß nur mehr ein Teil für den vertikalen Effekt in Frage kommt, ein anderer als nord-südlich orientierte Kraftkomponente in Erscheinung tritt. An den Polen selbst ist überhaupt nur mehr eine Wirkung in der Horizontalebene festzustellen. Wir halten das bisherige Ergebnis fest: Eine ursprünglich rein west-östlich verlaufende Strömung wird (mit Ausnahme vom Äquator) aus ihrer Bewegungsrichtung abgelenkt, und zwar, wie man zeigen kann, auf der Nordhalbkugel nach rechts, auf der südlichen Hemisphäre nach links. Soll diese Ablenkung kompensiert werden, muß ein entsprechendes (nord-südlich gerichtetes) Druckgefälle vorhanden sein.

Bislang haben wir uns auf die Ablenkung einer breitenkreisparallelen Bewegung beschränkt. Analoge Überlegungen gelten selbstverständlich auch für eine beliebig orientierte Strömung. Betrachten wir etwa eine meridionale (nord-südliche) Bewegung, so ergibt sich ebenfalls eine Ablenkung, wie man sich folgendermaßen klarmachen kann. Bei einer solchen Verlagerung bewegt sich zwar der betreffende Körper zunächst nicht schneller (oder langsamer) um die Erdachse als die Erde selbst, aber er behält gewissermaßen bei seiner Verschiebung nach Norden (oder Süden) die Umdrehungsgeschwindigkeit seiner Ausgangsbreite bei. Gelangt er derart in Breiten, die eine größere (oder kleinere) Umdrehungsgeschwindigkeit haben, so tritt derselbe Effekt auf wie bei einer zonalen Strömung, die schneller oder langsamer als die

Erddrehung ist. Immer ist im Endeffekt auf der Nordhalbkugel eine Ablenkung nach rechts, auf der Südhalbkugel nach links die Folge[1].

Unsere bisherigen Betrachtungen gelten für eine geradlinige Strömung. Ist dieselbe jedoch gekrümmt, so tritt noch eine nach außen gerichtete Zentrifugalkraft auf, die keine Beziehung zur Erddrehung hat, sondern nur von der Windgeschwindigkeit und der Stärke der Krümmung der Luftbahnen abhängt. Diesen Effekt kann jedermann zu spüren bekommen, der mit seinem Kraftwagen von einer geradlinigen Strecke in die Kurve fährt. Auch diese Kraftwirkung ist (ebenso wie diejenige der Corioliskraft) normal zur Bewegungsrichtung wirksam, und zwar bei einer Linkskurve nach rechts, bei der Rechtskurve nach links gerichtet.

Schließlich noch einige Worte über die Reibungskraft an der Erdoberfläche. Auch sie wirkt modifizierend auf jede durch ein Druckgefälle in Gang gesetzte Strömung. Die primäre Wirkung der Reibung besteht in einer Bremsung der Bewegung derart, daß allmählich die Strömung zum Stillstand kommt. Hier handelt es sich nicht um eine „Scheinkraft", die nur eine ablenkende Funktion ausübt, sondern um einen energieverbrauchenden Prozeß. Es besteht also ein grundlegender Unterschied zwischen der Reibung und der Coriolis- bzw. Zentrifugalkraft.

Wir wollen diese mehr allgemeinen Betrachtungen jetzt etwas konkreter fassen, um ihre Bedeutung für die Meteorologie erkennen zu können. Das Wesentliche ist, daß sich in den meisten Fällen ein quasistationärer Zustand einstellt, der aus einem Kräftegleichgewicht abgeleitet werden kann. In der Abb. 7, Fall I sind zwei gerade Linien gleichen Luftdrucks (Isobaren) im Abstand von 5 mb gezeichnet. Die Druckkraft wirkt in Richtung des Pfeiles $P$ vom höheren Druck zum niedrigeren. Wäre keine ablenkende Kraft der Erddrehung vorhanden, müßte die Luftbewegung dieser Richtung folgen. Aber in dem Moment, in welchem eine Relativbewegung gegenüber der Erdoberfläche vorhanden ist, setzt die Ablenkung ein (in unserem Fall auf der Nordhalbkugel nach

---

[1] Eine vollkommen korrekte Behandlung des Problems muß auch vertikale Bewegungen berücksichtigen. Doch sind die resultierenden Ablenkungen sehr gering, da die vertikalen Luftströmungen im allgemeinen nur die Größenordnung von Zentimetern pro Sekunde aufweisen.

rechts). Diese Ablenkung wird um so kräftiger, je größer die Windgeschwindigkeit selbst ist. Der eben geschilderte Vorgang kann erst dann zu einem Ende kommen, wenn die Ablenkung so groß geworden ist, daß die Bewegung normal zum Druckgefälle erfolgt, d. h., daß ein Gleichgewichtszustand zwischen Druckkraft und Corioliskraft zustande kommt. Der hohe Luftdruck befindet sich rechts von der Strömungsrichtung, der tiefe links. Die Stärke des Druckgefälles ist durch den Abstand der Isobaren $\Delta N$ gegeben. Man kann nun z. B. berechnen, daß für einen Isobarenabstand von 280 km in 45° Breite eine Windstärke von 50 km/h notwendig ist, um das eben geforderte Gleichgewicht zu erhalten. Kommt es tatsächlich zu einem solchen Zustand, dann erfolgt die weitere Bewegung gleichförmig (mit konstanter Geschwindigkeit), da fortan keine Kraftwirkung mehr in der Bewegungsrichtung selbst auftritt. Wir wissen nämlich, seit NEWTON seine fundamentalen physikalischen Grundgesetze formuliert hat, daß eine Beschleunigung (Zunahme der Geschwindigkeit) nur solange vorhanden ist, solange eine Kraft in der Bewegungsrichtung wirksam ist. Jedermann kennt heute schon das Liniensystem, durch das auf den Wetterkarten die Druckverteilung über größere Gebiete dargestellt wird. Man zeichnet auf

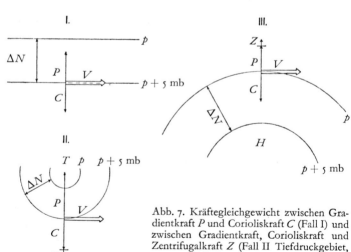

Abb. 7. Kräftegleichgewicht zwischen Gradientkraft $P$ und Corioliskraft $C$ (Fall I) und zwischen Gradientkraft, Corioliskraft und Zentrifugalkraft $Z$ (Fall II Tiefdruckgebiet, Fall III Hochdruckgebiet)

diesen Karten Linien gleichen Luftdrucks (Isobaren), und zwar meistens in einem Abstand von 5 mb. Natürlich müssen vorher alle Luftdruckbeobachtungen, die von Orten mit verschiedener Seehöhe stammen, so umgerechnet werden, als ob jeder Ort im Meeresniveau liegen würde (Reduktion auf Meereshöhe). Dies geschieht mit der uns bereits bekannten barometrischen Höhenformel. Von der Betrachtung der Wetterkarten ist bekannt, daß in der Regel die Isobaren gekrümmt sind. Insbesondere gibt es auf jeder Karte die geläufigen Hoch- und Tiefdruckgebiete mit kreisförmig oder elliptisch geschlossenem Isobarenverlauf. Wie steht es mit den Windströmungen im Bereich solcher Druckgebilde? Die Abb. 7 soll dies veranschaulichen (Fall II und III). Wiederum betrachten wir Isobaren im gegenseitigen Abstand von 5 mb, doch wollen wir diesmal nicht den Druckgradienten, also den Isobarenabstand vorgeben, sondern die Windgeschwindigkeit. Wir wollen also untersuchen, in welchem Abstand voneinander sich gekrümmte Isobaren befinden müssen, wenn im Gleichgewichtszustand die resultierende Windgeschwindigkeit genauso wie im ersten Fall 50 km/h beträgt. Es zeigt sich nun ein wesentlicher Unterschied zwischen den Verhältnissen beim Tiefdruckgebiet und denjenigen beim Hochdruckgebiet. Im Fall II hat die nunmehr durch die Krümmung der Luftbahn hervorgerufene zusätzliche Zentrifugalkraft dieselbe Richtung wie die ablenkende Kraft der Erdrotation. Um jetzt zu einem Gleichgewichtszustand zu kommen, müssen wir die Druckkraft verstärken, was durch ein Näherrücken der Isobaren zum Ausdruck kommt. Wenn wir den Radius der Isobaren 300 km groß wählen, so muß der Abstand zweier benachbarter Isobaren gegenüber dem Fall I der Abb. 7 auf 200 km reduziert werden.

Beim Hochdruckgebiet liegen die Verhältnisse anders. Hier wirkt die Zentrifugalkraft ebenfalls nach außen. Aber jetzt fällt diese Richtung mit der Richtung des Druckgefälles zusammen (Fall III). Wollen wir wiederum mit der gleichen Windgeschwindigkeit und somit auch mit derselben Corioliskraft auskommen wie in den anderen Beispielen, so können wir sehr großzügig sein. Wir können z. B. das Hoch stark verflachen (Radius der Isobaren 750 km) und den Abstand der Isobaren auf 350 km vergrößern.

Was lernen wir aus diesen Beispielen? Falls es zu einem Gleichgewichtszustand (stationärer Fall) kommt, werden bei gleicher Windgeschwindigkeit in derselben geographischen Breite die Isobaren im Hochdruckgebiet einen größeren Abstand und eine geringere Krümmung zeigen als im Tief. Die Beobachtungen bestätigen diese Schlußfolgerung.

Am Äquator, wo die (horizontale) Corioliskraft verschwindet, ist ein Hochdruckgebiet nicht denkbar, da Druck- und Zentrifugalkraft in dieselbe Richtung wirken und keine Gegenkraft vorhanden ist, die einen Gleichgewichtszustand herbeiführen könnte.

Bislang haben wir die Reibung vernachlässigt. Wird sie berücksichtigt, so kann dies so geschehen, daß wir in der jeweiligen Strömungsrichtung eine Kraftwirkung postulieren, die genau entgegengesetzt der herrschenden Windströmung, also bremsend, auf dieselbe einwirkt. Dies hat aber zur Folge, daß jetzt kein Gleichgewichtszustand wie früher möglich ist. Wird nämlich die Windgeschwindigkeit vermindert, so verringert sich die ablenkende Kraft der Erddrehung, die Strömung weicht von der Isobarenrichtung nach links zum tiefen Druck ab. Aber auch die neue Richtung kann nicht beibehalten werden, da jetzt in dieser die bremsende Wirkung der Reibung erneut zum Zuge kommt, was wieder eine Verringerung der Windgeschwindigkeit und damit eine weitere Abweichung nach links hervorruft. Auf diese Weise kommt es zu einem spiralenförmigen Einströmen in das Tiefdruckzentrum, und damit zur Auffüllung des Tiefdruckgebietes. Diese spiralenförmige Strömungsstruktur spielt im Tiefdruckgebiet eine bedeutende Rolle. Wir werden sie später auch bei der Besprechung der Wolkensysteme wiederfinden. Die Wirkung der Reibung ist allerdings in vielen Fällen — vor allem über dem Meer — nicht so groß, daß durch sie die Tiefdruckgebiete rasch aufgefüllt werden. Bei sich entwickelnden Sturmtiefs wird sie sogar durch andere, die Druckkräfte verstärkende Prozesse weit überkompensiert, wobei die dazu erforderliche Energie letzten Endes immer aus dem Wärmevorrat verschieden temperierter Luftmassen stammt. Eines wollen wir noch festhalten: Wenn die Luft zum Tiefdruckzentrum einströmt, dann muß daselbst eine Aufwärtsbewegung vorhanden sein, um eine Luftstauung zu verhindern, und analog werden wir im Hochdruckgebiet absinkende Luftbewegung annehmen müssen.

Unsere Überlegungen waren bisher recht theoretisch, doch sind sie für den Zusammenhang zwischen dem Druckfeld und den Windströmungen von grundlegender Bedeutung. Fassen wir also die Resultate nochmals kurz zusammen: Wir sind zu der Anschauung gelangt, daß wir in der Lage sind, aus Beobachtungen der Luftdruckverteilung über einem größeren Gebiet sofort den Bewegungszustand der Luft (wenigstens angenähert) erfassen zu können, selbst dann, wenn keine Windbeobachtungen vorliegen. Wir haben erkannt, daß der Isobarenverlauf uns bereits die Windrichtung angibt, und zwar so, daß auf der Nordhalbkugel immer der hohe Luftdruck zur Rechten, der tiefe zur Linken von der Strömungsrichtung liegt. Der hohe Druck wird im Sinne des Uhrzeigers, der tiefe aber entgegengesetzt umströmt. Die Geschwindigkeit des Windes ist um so größer, je größer das Druckgefälle ist, d. h., je enger die Isobaren auf der Wetterkarte aneinandergedrängt sind. Dies alles beweist, daß die Luftdruckverteilung für alle Wetterbetrachtungen von außerordentlicher Bedeutung sein muß. Denn von den Windströmungen hängen wiederum, wie wir noch sehen werden, die Temperaturänderungen und die Bildung von Wolken und Niederschlag ab.

Es ist also nicht von ungefähr, wenn die Meteorologen der Luftdruckverteilung eine dominierende Rolle bei der wissenschaftlichen Wetterkunde eingeräumt haben und übereingekommen sind, die Wetterlagen in erster Linie nach der Luftdruckverteilung zu beurteilen und zu klassifizieren. Doch handelt es sich bei dieser Gepflogenheit nicht etwa um eine einseitige Bevorzugung des Luftdruckes gegenüber den anderen physikalischen Größen, sondern eher um eine bewußte Schematisierung, die sich als recht zweckmäßig erwiesen hat. So hat heute schon jedermann eine gewisse Vorstellung von Hochdruck- oder Tiefdruckwetter. Keinesfalls darf dies jedoch so weit führen, zu glauben, die Beziehungen zwischen Wetterablauf und Luftdruckverteilung wären so eng, daß die Aufgabe der Wetterprognose allein darin besteht, die Luftdruckverteilung vorauszusagen. Die Beziehungen zwischen Wetter und Luftdruckverteilung sind nämlich weder eindeutig noch umkehrbar. Wesentlich ist nur, daß im allgemeinen die Tiefdruckgebiete in Beziehung zu schlechtem, die Hochdruckgebiete zu schönem Wetter stehen, oder besser gesagt, im Bereich der Tiefs wolkenbildende, im Hoch wolkenauflösende Prozesse dominieren.

Es scheint angezeigt, daß wir nunmehr die theoretischen Resultate an Hand tatsächlicher Beobachtungen überprüfen. Man kann z. B. versuchen, die Gesamtzirkulation auf der Erde aus dem Blickwinkel der von uns diskutierten Entstehung aus differenzieller Erwärmung und nachfolgender Ablenkung durch die Erddrehung zu betrachten. Man nennt dieses Problem die „Theorie der Allgemeinzirkulation". Wegen der großen zeitlichen und räumlichen Veränderlichkeit der Luftströmungen in mittleren und hohen Breiten ist es zweckmäßig, einen zeitlich gemittelten Zustand zu untersuchen. In der Abb. 8 sind schematisch diese mittleren Luftströmungen auf der Erdkugel veranschaulicht.

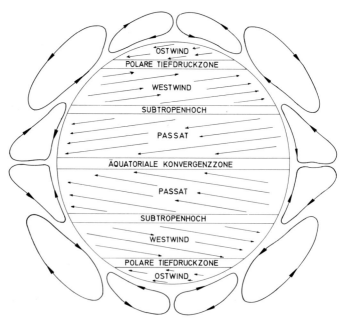

Abb. 8. Schematische Darstellung der Allgemeinzirkulation

Wir erkennen eine Dreiteilung auf beiden Hemisphären. In niedrigeren Breiten ist die Lage der Gebiete hohen und niedrigen Luftdrucks, zwischen denen der Luftkreislauf vor sich geht, wenigstens innerhalb einer Jahreszeit wenig veränderlich, und die Winde selbst zeigen eine beachtliche Beständigkeit. Die Folge sind daher großräumige Luftversetzungen zwischen dem Äquatorialgebiet und Zonen, die in einer geographischen Breite von etwa 30—35° (Nord und Süd) liegen. Es handelt sich hier um Strömungen, die unter dem Namen *Passatwinde* bekannt sind. Auch die früher erwähnte Monsunzirkulation spielt für den Luftaustausch der niedrigen Breiten eine besondere Rolle.

Der Nordostpassat der Nordhemisphäre und der Südostpassat der Südhemisphäre treffen im Äquatorialgebiet zusammen und bilden dort eine Konvergenzzone (Zone des Zusammenströmens). In ihrem Bereich muß es aus Kontinuitätsgründen zu einer aufsteigenden Luftbewegung kommen, die zu einer Wolkenbildung und zu Niederschlag führt. Die Lage dieser *intertropischen Konvergenzzone (ITC)* [1] fällt übrigens weder im Einzelfall noch im langjährigen Mittel genau auf den Äquator. Gerade die im jahreszeitlichen Verlauf eintretenden Verlagerungen der ITC nach Nord und Süd spielen für die Wetterentwicklung der Tropen (Regenzeit und Entwicklung der tropischen Wirbelstürme) eine entscheidende Rolle.

An die Passatwindgebiete schließt sich der *subtropische Hochdruckgürtel* an, der in einer geographischen Breite von 30—35° zu finden ist. Hier herrscht überwiegend heiteres Wetter bei nur schwachen Winden.

Wir kommen nun zu der Zirkulation in den *mittleren Breiten*. Hier findet ein ständiger Luftaustausch statt. Innerhalb kurzer Zeit wechseln Luftströmungen polaren Ursprungs mit solchen aus dem subtropischen Gebiet, ohne daß man aus der Windrichtung allein auf die eigentliche Herkunft der Luftmassen schließen kann. Im Mittel aber ist die Strömung von West nach Ost gerichtet.

In etwa 60° Breite sehen wir eine schmale Zone, die als *polare Tiefdruckrinne* bezeichnet wird. Es ist das Gebiet, das von den außertropischen Tiefdruckgebieten bevorzugt wird. Weiter zu

---

[1] Intertropical convergence.

den Polen hin erkennen wir wieder eine Ostwindzone polaren Ursprungs. Zu diesen Windsystemen gehört natürlich auch eine charakteristische (mittlere) Luftdruckverteilung, wie wir schon durch die Bezeichnungen Subtropenhoch und polare Tiefdruckrinne zum Ausdruck gebracht haben.

Können wir diese mittlere Luftzirkulation auf der Erde auf Grund unserer früheren Überlegungen als Folge der differentiellen Erwärmung durch die Sonne, also durch das primär verursachte Temperaturgefälle vom Äquator zu den Polen, erklären? Zunächst sieht das Problem nicht allzu schwierig aus. Bereits 1686 hat NEWTONS Freund und Schüler HALLEY vermutet, daß auch global gesehen die Luft in Bodennähe zur höheren Temperatur strömt, ähnlich wie im Kleinen bei der Land-Seewind-Zirkulation. In den Passatzonen wird dies auch tatsächlich beobachtet. Man hat auch in größerer Höhe eine Rückströmung vom Äquator nach Norden bzw. Süden entdecken können *(Antipassat)*, was gut in unser Schema paßt. Daß diese Zirkulation nicht bis zu den Polen reicht, falls die Wirkung der Erdrotation gemäß unseren Überlegungen berücksichtigt wird, erkannte erst 1735 HADLEY. Dies müßte dazu führen, daß die Passate zu Nordost- bzw. Südostwinden, die Antipassate in angemessener Entfernung vom Äquator zu Westwinden abgelenkt werden, was den tatsächlichen Beobachtungen entspricht. Da wir innerhalb der Subtropenhochs eine absteigende Luftbewegung annehmen müssen, scheint der Zirkulationskreis geschlossen zu sein und genau unseren theoretischen Vorstellungen zu entsprechen. Die Druckverteilung am Boden paßt ebenfalls zum Schema.

Wenden wir uns jedoch der Zirkulation in den mittleren Breiten zu, dann sehen wir uns sofort Schwierigkeiten gegenüber. Wie kommt es zu den Westwinden zwischen dem subtropischen Hochdruckgürtel und der polaren Tiefdruckrinne? Natürlich paßt das (mittlere) Druckgefälle zu dem Westwindband, denn wir haben gezeigt, daß die Strömung nahezu entlang der Isobaren weht, und zwar so, daß der hohe Druck auf der Nordhalbkugel zur Rechten, auf der Südhalbkugel zur Linken liegt, was in beiden Fällen einem Westwind entspricht. Aber in das Zirkulationsschema verschieden temperierter Luftmassen fügt sich die Westwindzone nicht ein. Die Strömung erfolgt keinesfalls in Richtung zur höheren Temperatur, sondern eher normal zum Temperaturgradienten bzw. mit einer Komponente zu niedrigeren Werten. Und damit nicht genug, findet sich in der Höhe keine (kompensierende) „Gegenströmung". Im Gegenteil: die Erfahrung lehrt uns, daß in mittleren Breiten in der Höhe ebenfalls Westwinde vorherrschen, und zwar mit einer Stärke, die mit der Höhe rasch zunimmt (s. Abb. 9). In den obersten Schichten der Troposphäre treten Starkwindbänder mit einer schlauchartigen Struktur auf, innerhalb derer es zu beachtlichen Windstärken kommen kann. Wir kommen auf diese Strahlströme im Kapitel 8 noch zu sprechen.

Nördlich der polaren Tiefdruckrinne scheint das Zirkulationsrad wieder im Sinne unserer Theorie zu laufen: Am Boden

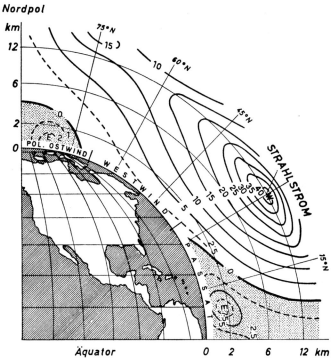

Abb. 9. Mittlere Höhenwindverteilung (in m/s) für die Wintermonate auf der Nordhalbkugel in Abhängigkeit von der geographischen Breite

Winde mit östlicher Komponente, in der Höhe westliche Strömungen.

Ferrel war Mitte des 19. Jahrhunderts der erste, der diese drei Zirkulationszellen beschrieb. Er erkannte die polare und die äquatoriale Zelle als direkte thermische Zirkulationszellen. Die Zirkulation der mittleren Breiten, die sogenannte „Ferrel-Zelle", die nicht in das einfache Schema der Entstehung von Luftströmungen durch unterschiedliche Erwärmung paßt, war lange das Sorgenkind der Theoretiker. Die bisherigen Überlegungen mußten einer Revision unterzogen werden.

Wo liegt der Fehler bei der bisherigen Schlußweise? Das einfache Zirkulationsschema der Theorie erklärt nicht die vorhandene mittlere Zirkulationszelle und die Ausbildung eines Starkwindbandes. Die Anwendung des Land-Seewind-Modells auf die Allgemeinzirkulation, bei dem *primär* die differentielle Erwärmung vorausgesetzt und erst nach der dadurch entstandenen Meridionalströmung die Wirkung der ablenkenden Kraft der Erdrotation in Betracht gezogen wurde, führt nicht zum Ziel, da in Wirklichkeit beide Effekte gleichzeitig am Werk sind. Können wir vielleicht auf andere Weise zu einem Modell der Allgemeinzirkulation gelangen?

Nehmen wir an, es herrsche bereits eine zonale, west-östlich (im Sinne der Erddrehung) orientierte Grundströmung. Man kann zeigen, daß eine solche Strömung aufgrund der bekannten physikalischen Gesetze durchaus möglich ist, auch ohne Temperaturgegensätze. Ist jedoch ein meridionales Temperaturgefälle, wie es auf der Erde beobachtet wird, vorhanden, so muß sich eine mehr oder weniger große Windzunahme mit der Höhe einstellen. Nun wird aber eine breitenkreisparallele Grundströmung nicht lange „ungestört" bleiben. Orographische Hindernisse, Entwicklung von Druckwellen an Luftmassengrenzen (s. Kapitel 8) und ähnliche Effekte müssen zu Abweichungen von der rein zonalen Stromrichtung und mithin zu wellenförmigen Deformationen führen. Dies leitet einen horizontalen Mischungsprozeß in der Form ein, daß die Luft nach Norden und Süden verschoben wird, aber solange die Wellen „*gedämpft*" sind, zu ihrer Ausgangsbreite wieder zurückkehrt. Dabei werden gewisse den verschobenen Luftpaketen zukommende „Eigenschaften", wie Stromimpuls, Temperatur, Feuchte etc., zwischen meridional nicht allzu weit auseinanderliegenden Gebieten ausgetauscht. Diese Durchmischung kann nun, wie theoretische Untersuchungen gezeigt haben, zu einem Anwachsen der kinetischen Energie der Grundströmung und damit zur Ausbildung von Starkwindbändern (Strahlströmen) führen. Allerdings reichen die „gedämpften" Wellen allein nicht aus, um die vollkommene Durchmischung und damit die beobachtete Neuverteilung der kinetischen Energie zu bewirken. Dies wird erst ermöglicht, wenn die Wellen größere Amplituden annehmen. Nun wissen die Physiker, daß bei Wellenprozessen eine sogenannte Instabilitätsgrenze vorhanden ist, d. h., daß sich unter gewissen Bedingungen Wellen, die einer Strömung überlagert werden, aufschaukeln können. Wiederum ergibt in unserem Fall eine theoretische Untersuchung, daß eine solche Instabilität tatsächlich auftreten kann (s. Seite 113). In diesem Fall bricht das Stromfeld zusammen, und es kommt zu weit nach Nord und Süd ausgreifenden Strömungen, die den im Sinne eines Ausgleichs der Temperaturgegensätze notwendigen Luftmassentransport (Verfrachtung der Warmluft nach Norden, der Kaltluft nach Süden) übernehmen. Sind die Temperaturunterschiede weitgehend verschwunden, so beginnt der ganze Prozeß von vorne, und der Zirkulationskreis, der sehr wesentlich auf horizontalen Mischungsvorgängen beruht, ist geschlossen. Man bezeichnet übrigens den geschilderten Vorgang auch als *Index-Zyklus*, wobei einem Stromfeld mit vorherrschend zonaler Strömung ein hoher, einem solchen mit überwiegend meridionaler Strömung ein niedriger Index zugeordnet wird.

Wie wir sehen, besteht der Unterschied zu dem Land-Seewind-Modell darin, daß dort die meridionalen Strömungen am *Anfang* der Überlegungen standen, die zonalen am *Ende*, während hier die Verhältnisse genau umgekehrt sind. Im ersten Modell ist die differentielle Erwärmung unmittelbare Ursache für meridionale Strömungen, im zweiten Fall ist sie mitverantwortlich für die Ausbildung von Starkwindbändern und für eine Instabilität, die dann zu den großräumigen nord-südlichen Luftversetzungen führt.

Welchen Vorteil hat das neue Modell gegenüber dem alten? Wir sind um zwei Schwierigkeiten herumgekommen, die durch das ursprünglich einfache Schema nicht erklärt werden konnten. Mit den älteren Vorstellungen konnten wir weder das Westwindband der mittleren Breiten noch die Ausbildung von Strahlströmen erklären. Nach dem einfachen thermischen Land-Seewind-Modell dürfte die Energie der so überaus kraftvollen Westwindzone nicht aus dem sehr beachtlichen Temperaturgefälle in diesen Breiten stammen, was schwer einzusehen ist. Zwar weist die tropische Zirkulationszelle einen Überschuß auf und könnte daher prinzipiell einen Teil ihrer Energie an die mittlere Zelle abgeben, doch wäre es dann nicht verständlich, daß diese von „außen" gespeiste Zelle tatsächlich die aktivste ist, d. h. diejenige mit den größten Windgeschwindigkeiten und der größten kinetischen Energie.

Wir sehen also, daß die neuen Vorstellungen dem wahren Sachverhalt weitgehend gerecht werden. Man hat übrigens zwei sehr gewichtige Stützen für die moderne Theorie der Allgemeinzirkulation gefunden. Einmal ist es gelungen, mit Hilfe modernster Elektronenrechenmaschinen theoretische Modelle durchzurechnen. Die Theorie zeigte, daß für die Entstehung der tropischen Zirkulationszelle in erster Linie die differentielle, breitenkreisabhängige Erwärmung durch die Sonneneinstrahlung, für das Westwindband der gemäßigten Breiten horizontale Mischungsprozesse als Folge der oben erwähnten Wellenbildungen verantwortlich sind. Sie konnte auch die unterschiedliche Höhe der Tropopause und deren niedrigere Temperatur am Äquator erklären. Schließlich ist es noch gelungen, ein Kriterium aufzustellen, das es gestattet, diejenige Breite anzugeben, in welcher die Hadley-Zirkulation der tropischen Zelle in das Westwindregime der mittleren Breiten übergehen muß. Es zeigte sich, daß in diesem Kriterium sowohl der horizontale als auch der vertikale Temperaturgradient sowie auch der Betrag der Erdrotation eine Rolle spielen. In Übereinstimmung mit der Erfahrung liegt diese Übergangszone zwischen 30 und 40° Breite.

Eine weitere Bestätigung der modernen Anschauung über die Allgemeinzirkulation lieferten sinnreiche Experimente an rotierenden, mit Flüssigkeit gefüllten zylindrischen Schalen, wobei zur Herstellung einer „Ähnlichkeit" mit der Luftzirkulation auf der Erde das Gefäß am äußeren Rand (entspricht dem Äquator) erwärmt, an der Rotationsachse (entspricht dem Pol) abgekühlt wurde (Abb. 10). Natürlich muß der Betrag der Erwärmung und die Rotationsgeschwindigkeit zusammen mit den Ausmaßen des Gefäßes richtig dimensioniert werden, will man Ergebnisse erhalten, die für die Verhältnisse auf der Erdkugel repräsentativ sind. Aber diese Schwierigkeiten konnten weitgehend über-

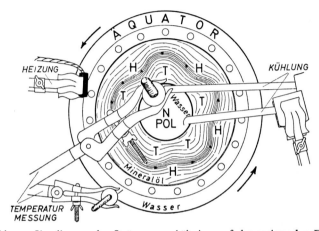

Abb. 10. Simulierung der Strömungsverhältnisse auf der rotierenden Erde durch ein Experiment im Lamont Geological Observatory. Eine mit Mineralöl gefüllte zylindrische Schale wird in Rotation versetzt. Die Heizung am Schalenrand und die Kühlung an der Drehachse erfolgt mit Wasser. Durch Aluminiumpulver werden die (hier schematisch angedeuteten) Zirkulationen in der Flüssigkeit sichtbar gemacht. Man erkennt die Ausbildung eines „Starkwindbandes" und „Wellen" (Hochkeile und Tieftröge), die große Ähnlichkeit zu den in der Atmosphäre auftretenden Stromfeldern zeigen

wunden werden, da man auf verschiedene Erfahrungen, die die Hydro- und Aerodynamiker mit Schiff- und Flugzeugbau im Modellkanal gewonnen hatten, zurückgreifen konnte. Die Ergebnisse dieser Experimente waren sehr aufschlußreich. Der besondere Vorteil besteht darin, daß durch Wahl verschiedener Rotationsgeschwindigkeiten und verschiedener Erwärmung sehr unterschiedliche Zirkulationen erzeugt werden können. Die Verhältnisse auf der Erde werden dann am besten wiedergegeben, wenn die Erwärmung schwach, die Rotation aber verhältnismäßig groß ist. Eine Halley-Hadley-Zirkulation im Sinne der älteren Theorie ist durchaus möglich, doch muß in diesem Fall die Erwärmung groß und die Rotation klein sein. Bei der relativ großen Umdrehungsgeschwindigkeit unseres Planeten kommt es jedoch nicht dazu, sondern das Experiment ergibt eindeutig ein Strombild, wie es den modernen Anschauungen entspricht. Sogar die Formierung von Strahlströmen und die Wellenbildungen konnten im Experiment durch beigefügte Spurenelemente deutlich sichtbar gemacht werden (s. Abb. 10).

Bevor wir uns nun im nächsten Kapitel anderen wichtigen meteorologischen Elementen zuwenden, wollen wir nochmals kurz das Ergebnis unserer Überlegungen zusammenfassen. Wir konnten eine enge Beziehung zwischen dem Druck- und Stromfeld herleiten, so daß wir in der Lage sind, aus der Druckverteilung sofort auf das dazugehörende Windfeld zu schließen. Wir haben auch gelernt, daß die scheinbar so unregelmäßigen Strömungen in den mittleren Breiten, die für das Wettergeschehen in diesen dichtbesiedelten Erdteilen verantwortlich sind, charakteristische Merkmale aufweisen, die durch die Ausbildung von Strahlströmen einerseits und durch einen mehr oder weniger periodischen Wechsel zwischen zonalen und meridionalen Strömungen andererseits gekennzeichnet sind. Träger dieses Verhaltens sind in den unteren Luftschichten die bekannten Tief- und Hochdruckgebiete, in den höheren (zwischen 3 und 10 km) jedoch mächtige *planetarische Wellen* mit weitausgreifenden Trögen und Keilen, wobei die Wellenlänge mehrere tausend Kilometer betragen kann. Diese Druck- und Stromfelder haben einen erstrangigen Einfluß auf die Wetterentwicklung selbst. Wir kommen darauf im 8. Kapitel zurück.

Und noch eines wollen wir festhalten. Sicherlich müssen aus Kontinuitätsgründen neben den horizontalen Bewegungen immer auch vertikale, also auf- und absteigende Strömungen auftreten, und wir haben bereits erkannt, daß im Zentrum eines Tiefdruckgebietes aufwärts, im Hochdruckgebiet abwärts gerichtete Luftbewegungen herrschen. Gleichzeitig ist zu beachten, daß im allgemeinen die Bewegung in der horizontalen jene in der vertikalen Richtung bei weitem überwiegt. Die Größenordnung der horizontalen Luftbewegung beträgt Meter pro Sekunde, der vertikalen dagegen durchschnittlich nur Zentimeter pro Sekunde. Allerdings können besondere Verhältnisse auftreten, sei es bei Anströmen eines Gebirgskammes oder im Aufwindschlauch einer starken Quellbewölkung (Gewitterwolke), wo durch direkte Messungen, z. B. mit Segelflugzeugen, nachgewiesen werden konnte, daß aufwärts gerichtete Geschwindigkeiten von 10 bis 20 m/s durchaus möglich sind. Gewöhnlich aber hat man es nur mit einem sehr langsamen Sinken oder Steigen der Luftmassen zu tun. Doch ist auch diese an sich geringfügige Verschiebung von Luft nach oben und unten sehr wirkungsvoll, wie wir im nächsten Kapitel sehen werden.

## 5. Wolken und Niederschlag. Der Wasserkreislauf

Die Luft enthält immer Wasserdampf, und zwar in sehr variabler Menge. Dies ist nicht verwunderlich, da jede Wasserfläche, aber auch jedes Vegetationsgebiet und sogar die mit Schnee oder Eis bedeckten Erdteile fortwährend durch Verdunstung Wasserdampf an die Lufthülle abgeben. Was geschieht mit dem Wasserdampf in der Atmosphäre? Jeder weiß, daß es zur Bildung von Wolken kommt, aus denen Niederschlag fällt, der entweder an Ort und Stelle verdunstet oder auf dem Umweg über das Grundwasser und die Flüsse den Weltmeeren als Hauptzentren der Verdunstung zugeführt wird[1]. Während eines längeren Zeitraumes müssen sich Verdunstung und Niederschlag im Mittel über die ganze Erde das Gleichgewicht halten, da offensichtlich ein stationärer Zustand herrscht, bei dem die Weltmeere den Verlust durch Verdunstung durch einen Gewinn an Wasser durch Zuströmen aus den Flüssen oder durch direkten Niederschlag weitgehend kompensieren. Für kleinere abgeschlossene Wasserflächen muß dies nicht gelten. Hier können größere Seespiegelschwankungen die Folge einer Periode ungenügender Kompensation sein.

Wesentlich für den Wasserkreislauf ist die Tatsache, daß eine Änderung des Aggregatzustandes von der dampfförmigen über

---

[1] Die Wassermenge, die von den Kontinenten jährlich den Meeren zufließt, wird mit rund 37 000 km$^3$ auf etwa ein Drittel des über dem Festland ausfallenden Niederschlags veranschlagt.

die flüssige oder feste Phase wieder zur gasförmigen eintritt. Wie kommt es dazu? Diese Frage ist leicht zu beantworten. Abkühlung der Luft bringt Kondensation, also Verflüssigung des Wasserdampfes mit sich. Dies kommt daher, daß Luft von gegebener Temperatur nur eine bestimmte Menge Wasserdampf enthalten kann, da dem Wasserdampfgehalt der Luft durch Erreichung des Sättigungsdampfdruckes eine obere Grenze gesetzt ist. Es gibt ein Gesetz der Physik, das besagt, daß Luft bestimmter Temperatur nur eine gewisse Menge Wasserdampf enthalten kann: Luft von 30° C etwa 4 Volumprozent, solche von —35° C dagegen nur 0.07 Volumprozent. In der nachstehenden Tabelle ist angegeben, wieviel Wasserdampf in 1 m³ Luft bei verschiedenen Temperaturen maximal möglich ist.

Wenn also 1 m³ Luft bei 20° C 17,3 g Wasserdampf enthält, dann ist dies der größtmögliche Gehalt. Die Luft ist mit Wasserdampf gesättigt oder — wie man auch sagt — sie hat eine *relative Feuchtigkeit* von 100%. Enthält sie weniger, etwa nur 9,4 g, so ist sie ungesättigt und hat, da 9,4:17,3 = 0,54 ist, eine relative Feuchte von 54%. Was geschieht aber, wenn wir diese Luft abkühlen? Die Tabelle zeigt uns, daß bei 10° C die Luft nur mehr 9,4 g enthalten kann, also dort den Sättigungszustand erreicht. Man sagt daher auch, daß Luft von 20° C und einer relativen Feuchtigkeit von 54% einen *Taupunkt* von 10° C besitzt. Mit Hilfe entsprechender Formeln kann so für jede Temperatur und jeden Feuchtigkeitsgehalt der Taupunkt berechnet werden. In der modernen Meteorologie wird vielfach der Taupunkt zur Charakterisierung des Wasserdampfgehaltes verwendet, während im praktischen Leben der Begriff der relativen Feuchtigkeit weit mehr verbreitet ist. Dies schon deswegen, weil die einfachsten Instrumente, die uns den Feuchtigkeitsgrad der Luft messen, die sogenannten *Hygrometer*, die relative Feuchtigkeit anzeigen. Die gebräuchlichsten Hygrometer nützen die Eigenschaft des entfetteten Haares oder einer Darmsaite aus, sich bei Wasseraufnahme aus der Luft zu verlängern.

Wir können aus der Tabelle noch etwas entnehmen. Was geschieht, wenn gesättigte Luft von 20° C auf 10° C abgekühlt wird? In diesem Fall kondensiert ein Teil des Wasserdampfes, es bildet sich flüssiges Wasser, das ausgeschieden wird. Auch die Menge

## Tabelle

| Temperatur (°C) | −20 | −10 | 0 | 10 | 20 | 30 |
|---|---|---|---|---|---|---|
| Maximale Dichte des Wasserdampfes (g/m³) | 1,1 | 2,4 | 4,8 | 9,4 | 17,3 | 30,3 |

kann aus der Tabelle abgelesen werden. Es sind offenbar 7,9 g Wasser pro Kubikmeter Luft. Daß eine solche Verflüssigung als Folge einer Abkühlung auch tatsächlich eintritt, läßt sich sowohl theoretisch als auch experimentell beweisen. In der Meteorologie sind mehrere Arten von Abkühlung von Bedeutung: Jene, die durch Kontakt mit kälteren Objekten zustande kommt, jene, die durch Ausstrahlung erfolgt, und die Temperaturerniedrigung durch Erniedrigung des Luftdruckes. Dieser Prozeß kann durch ein Experiment wie auch durch theoretische Überlegungen verständlich gemacht werden.

Es handelt sich hier geradezu um einen klassischen Versuch, der in der Mitte des vorigen Jahrhunderts zu der fundamentalen Entdeckung führte, daß eine Äquivalenz von Wärme und Energie besteht. Der Energiesatz der Mechanik muß in der Thermodynamik durch Berücksichtigung der inneren Energie eines Gases erweitert werden, was wir übrigens schon bei der Besprechung der Entstehung von Luftströmungen betont haben.

Wir betrachten einen Behälter, der nach außen hin eine vollkommene Wärmeisolierung besitzen soll, so daß die darin eingeschlossene Luft Wärme weder durch Leitung noch durch Strahlung verliert (Abb. 11). Beispielsweise erfüllen Gefäße von der Art der bekannten Thermosflaschen diese Voraussetzung recht gut. An dem Gefäß sei nun eine Luftpumpe $P$ angebracht, die es ermöglicht, den Rauminhalt der eingeschlossenen Luft zu verändern. Am Beginn des Versuches habe die Luft im Gefäß die gleiche Temperatur und den gleichen Druck wie die Außenluft. Im Gefäß befindet sich noch ein Thermometer $T$ und ein Quecksilbermanometer $M$, das den Druckunterschied zwischen

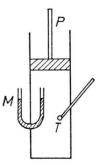

Abb. 11. Klassisches Experiment zur Demonstration von adiabatischen Temperaturveränderungen

Innen- und Außenluft festzustellen gestattet. Zu Anfang steht die Quecksilbersäule innen und außen gleich hoch. Nun drücken wir den Stempel *P* der Luftpumpe abwärts. Dadurch wird der Druck im Gefäß erhöht, was sich am Manometer sofort ablesen läßt. Gleichzeitig zeigt aber das Thermometer eine Temperaturzunahme. Wie läßt sich das verstehen? Die Antwort ist leicht zu finden. Da wir Arbeit leisten mußten, um die Luft zusammenzudrücken, muß nach dem Gesetz von der Erhaltung der Energie die innere Energie der eingeschlossenen Luft vermehrt werden, was sich in einer Temperaturerhöhung auswirkt. Wir sehen hier, daß mithin eine Temperaturzunahme möglich ist, ohne daß der Luft Wärme durch Heizung oder Strahlung zugeführt wird. Bewegen wir nun den Stempel der Pumpe nach oben, so vergrößern wir das Luftvolumen im Gefäß. Da der Stempel ein Gewicht besitzt, so muß gegenüber der Erdanziehung Arbeit geleistet werden, um diesen Stempel in die neue Lage zu bringen. Diese Arbeitsleistung interessiert uns hier nicht. Die Luft hat aber nun ein größeres Volumen zur Ausbreitung zur Verfügung und dehnt sich dabei aus. Dies benötigt auch Arbeit und die kann nur aus der inneren Energie bezogen werden, d.h. es wird Wärme abgegeben und die Temperatur der Luft sinkt.

Man kann auch die *Größe* der Temperaturänderung im Experiment feststellen, wenn der Druck und die Temperatur genügend genau gemessen werden. Ist der Druck zu Beginn des Versuches 750 mm Hg = 1000 mb, und bewirken wir durch Zusammendrücken der Luft eine Erhöhung des Druckes um 10 mm auf den Normaldruck von 760 mm Hg, so steigt die Temperatur um etwa 1°C an, während sie bei der Ausdehnung um 10 mm um rund 1°C sinkt.

Für die Anwendung der experimentellen Resultate auf die Verhältnisse in der Atmosphäre ist noch ein weiterer Versuch wichtig. Wir geben vor Beginn des Experimentes etwas Wasser in das Gefäß, so daß die eingeschlossene Luft ganz oder nahezu mit Wasserdampf gesättigt ist. Wieviel Wasser wir dazu brauchen, lehrt uns die Tabelle. Erniedrigen wir jetzt durch Anheben des Stempels den Druck, so kühlt sich die Luft ab, und es entsteht ein aus kleinsten Tröpfchen bestehender Nebel, der um so dichter wird, je stärker wir die Luft ausdehnen. Ein Teil des Wasserdampfes hat sich verflüssigt. Erhöhen wir wieder den Druck, wird der Nebel rasch dünner und verschwindet ganz, wenn die Luft nun nicht mehr mit Wasserdampf gesättigt ist, also ihre relative Feuchtigkeit sinkt.

Beobachten wir jetzt zusätzlich noch die im Gefäß auftretenden Temperaturänderungen, so ergibt sich gegenüber dem ersten Versuch mit trockener Luft ein bemerkenswerter Unterschied. Bei einer Druckerniedrigung um 10 mm kühlt sich die mit Wasserdampf gesättigte Luft nicht mehr um 1°C ab, sondern nur um etwa 0,5—0,7°C. Wie ist dies zu verstehen? Wir haben schon im 3. Kapitel (Seite 27) erwähnt, daß zur Verdunstung von Wasser eine beträchtliche Wärmemenge notwendig ist, die uns aber im Falle einer Kondensation zur Verfügung steht. Um 1 g Wasser zu verdampfen, benötigt man 2500 J und die gleiche Menge wird frei, wenn 1 g Wasserdampf verflüssigt wird. Wenn wir also eine mit Wasserdampf gesättigte Luft ausdehnen, so wird die dadurch hervorgerufene Temperaturerniedrigung gegenüber dem Fall der trockenen Luft stark reduziert, wie es unser Versuch lehrt. Der Effekt ist nur dann vorhanden, wenn Kondensation eintritt. Hätten wir im zweiten Versuch zu Anfang die Luft komprimiert, so hätten wir, ungeachtet des vorhandenen Wasserdampfes, festgestellt, daß einer Druckerhöhung von 10 mm wiederum annähernd einer Temperaturerhöhung von 1°C entspricht[1].

Wir sehen, daß wir die Temperatur der Luft auch dadurch herabsetzen können, daß wir sie unter geringeren Druck bringen. Tatsächlich spielt dieser Vorgang für die Wolkenbildung die überragende Rolle. Wesentlich ist bei dem im obigen Experiment geschilderten Vorgang, daß der Prozeß *ohne* äußere Wärmezufuhr oder -abgabe abläuft (*adiabatischer* Prozeß).

Eine Voraussetzung muß aber immer erfüllt sein, wenn es zur Kondensation kommen soll: Es muß ein Gegenstand vorhanden sein, an dem sich der flüssig oder auch fest werdende Wasserdampf ansetzt. An der Erdoberfläche geschieht dies direkt an Pflanzen oder am Boden selbst, ein Vorgang, den wir *Tau-* oder *Reifbildung* nennen. In der Luft müssen kleine Partikel, Konden-

---

[1] Theoretisch bestehen hier zwar geringe Unterschiede zwischen einer vollkommen trockenen und einer feuchten Luft, doch sind sie in der Praxis zu vernachlässigen.

sationskerne genannt, existieren. Wie müssen nun Partikel beschaffen sein, die als Kondensationskerne fungieren können? Aufgrund von Experimenten in sogenannten Nebelkammern, die im Prinzip auf dem oben geschilderten Experiment beruhen, stellte sich heraus, daß grundsätzlich an sehr verschieden gearteten Partikeln Kondensation oder Sublimation stattfinden kann. Sie unterscheiden sich durch ihre Größe und Konstitution.

Die Werte der Tabelle auf Seite 55 geben den maximalen Wasserdampfgehalt der Luft, bezogen auf eine ebene Fläche, an. Man muß aber bedenken, daß der Sättigungsdampfdruck bei gleicher Temperatur über einer gekrümmten Fläche einen höheren Wert annimmt. Kondensation tritt bei Erreichung des Sättigungsdampfdruckes ein, mithin bei Partikeln mit kleinem Radius (starker Oberflächenkrümmung) erst dann, wenn eine „*Übersättigung*", bezogen auf eine ebene Fläche, vorhanden ist. Je kleiner die Partikel sind, um so größer muß diese Übersättigung sein. Dieser Umstand spielt bei den Kondensationskernen, die für die Wolkenbildung in Frage kommen, eine entscheidende Rolle.

Nehmen wir einmal an, daß Kondensation schon an den Ionen, also den elektrisch geladenen Luftmolekülen, stattfinden soll. Da der Radius dieser Ionen kleiner als $^{1}/_{10\,000\,000}$ cm ist, müßte eine Übersättigung von rund 400% gegenüber den Verhältnissen bei ebener Fläche herrschen, wie schon Ende des vorigen Jahrhunderts WILSON in seinen berühmten Versuchen gezeigt hat. Dies kann aber praktisch kaum eintreten. Es erscheint angezeigt, sich diesen Umstand vor Augen zu halten, falls man eine erhöhte Niederschlagstätigkeit in Zusammenhang mit nuklearen Explosionen bringen will und dabei auf die Produktion von Ionen als Kondensationskerne hinweist.

Betrachten wir also größere Kerne. Da sind zunächst die sogenannten „*Aitken*"-*Kerne*, so benannt nach ihrem Entdecker, dem englischen Physiker AITKEN. Sie haben einen Radius von $^{1}/_{100}$—$^{1}/_{10}$ Mikron ($^{1}/_{1\,000\,000}$—$^{1}/_{100\,000}$ cm). Sie werden in ungeheuren Mengen durch industrielle Emittenten produziert, so daß man bis zu 1 000 000 Teilchen im Kubikzentimeter findet. Grundsätzlich kann Kondensation an solchen Teilchen stattfinden, wie AITKEN im Experiment zeigen konnte. Aber auch diese Partikel benötigen für den Kondensationsprozeß eine, wenn auch nicht mehr so große Übersättigung. Man hat guten Grund zur Annahme, daß in der Natur selten eine Übersättigung von mehr als 1% auftritt, und daher dürften auch die Aitken-Kerne für die Wolkenbildung kaum in Frage kommen. Sie haben allerdings eine andere wichtige Funktion. Ihnen verdanken wir in erster Linie die Bildung sogenannter *großer Ionen*, die aus Aitken-Kernen und kleinen Ionen entstehen. Die großen Ionen spielen bei der atmosphärischen Elektrizität die dominierende Rolle. Nur über ihre Bildung kommt es letzten Endes zu den gewaltigen elektrischen Phänomenen in einem Gewitter.

Bleiben wir aber bei der Kondensation. Wir müssen also nach noch größeren Kernen suchen; tatsächlich findet in der Atmosphäre die Kondensation vornehmlich an großen Kernen mit Radien von rund $1/1000$—$1/10\,000$ cm statt, wenngleich natürlich die verschiedenen Wolkenarten auch aus verschiedenen Kondensationskernen bestehen.

Neben der Größe spielt dabei die chemische Zusammensetzung der Kerne eine Rolle, d.h. die erforderliche Übersättigung ist von der Konstitution der Partikel abhängig. Eine besondere Art von Kondensationskernen und zugleich die wichtigsten sind solche aus wasseranziehender Materie (*hygroskopische* Kerne), z.B. aus salzigen Substanzen, vorwiegend NaCl. Bei hygroskopischen Kernen findet schon Kondensation statt, wenn die Luft nur zu 75 bis 85% gesättigt ist.

Im einzelnen ist der Kondensationsprozeß recht kompliziert. Ein näheres Eingehen würde uns hier zu weit führen. Wichtig ist noch zu erwähnen, daß es eine spezielle Art von Kernen gibt, die (natürlich bei Temperaturen unter dem Gefrierpunkt) die Sublimation begünstigt, also die direkte Eisbildung aus der dampfförmigen Phase. Dieser Vorgang wurde sowohl im Laboratorium als auch direkt in der Wolkenluft von Flugzeugen aus und natürlich auch mittels Radargeräten studiert. Es ergab sich, daß für die Sublimation auf alle Fälle eine große Übersättigung gegenüber einer Eisfläche vorhanden sein muß. Daher trat im Laboratorium *spontane* Eisbildung bei verhältnismäßig *reiner* Ausgangsluft erst bei Temperaturen nahe $-40°C$ auf. Dies scheint eine untere Grenze darzustellen, bei welcher, unabhängig von der Art der Kerne, Eiskristallbildung eintritt. In der Atmosphäre kommt es

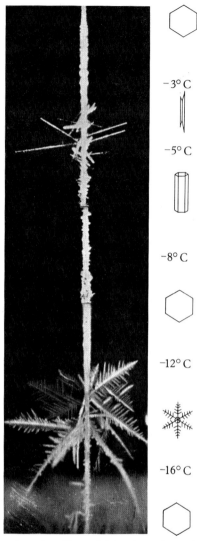

Abb. 12. Die Entstehung von Eis- und Schneekristallen in Abhängigkeit von der Temperatur (MASON: Clouds, Rain and Rainmaking)

meist schon bei wesentlich höheren Temperaturen zu Eiskristallbildung, vielfach aber erst zwischen —10 und —20° C. Jedenfalls ist in den Wolken bei Temperaturen unter dem Gefrierpunkt noch immer viel *unterkühltes* Wasser zu finden. In den letzten Jahren konnte durch Experimente gezeigt werden, daß die Form der Eiskristalle eindeutig mit der Temperatur der Luft, in der sie entstehen, zusammenhängt. Bei Temperaturen bis zu etwa —10° C kommt es zu Eisnadeln oder hexagonalen Platten und Prismen, während die schönen feinen Schneekristalle hauptsächlich bei Temperaturen zwischen —12 und —16° C entstehen (Abb. 12).

Maßgebend für die Niederschlagsbildung ist, wie die einmal entstandenen kleinen Wassertröpfchen oder Eisteilchen wachsen, um so groß zu werden, daß sie bis zur Erdoberfläche fallen. Der wirksamste Wachstumsmechanismus ist das Zusammenfließen oder Zusammenwachsen *(Koagulation)* als Folge von Zusammenstößen. Demgegenüber spielt die Kondensation an den flüssigen und festen Partikeln eine geringere Rolle. Man kann dies durch mathematisch-physikalische Überlegungen beweisen. Wenn man nämlich berechnet, wieviel Zeit benötigt wird, damit durch reine Kondensation ein hygroskopischer Kern von ursprünglich $1/10$ Mikron Radius zu einem Regentropfen von 20 Mikron Größe anwächst, so ergibt sich eine Zeit von rund 1 Std. Da jedoch die wirklichen Regentropfen noch viel größer sind (100—1000 Mikron gleich $1/100$—$1/10$ cm), kommt man zu Wachtumszeiten, die völlig irreal sind.

Bleiben wir also bei der Koagulation der Partikel. Man kann drei verschiedene Prozesse unterscheiden, je nachdem, ob zwei Tröpfchen, ein (unterkühltes) Tröpfchen und ein Kristall oder zwei bereits feste Eisteilchen aufeinandertreffen. Natürlich kann beim Zusammentreffen auch ein Zersplittern der Teilchen eintreten, so daß aus einem größeren Tropfen wieder kleinere entstehen, die aber sofort wieder in den Wachstumsprozeß einbezogen werden. Es gibt in Quellwolken bei den starken Auf- und Abwinden auch noch einen anderen Effekt, der für die Vermehrung der Tropfen wichtig ist. Wenn nämlich ein Tropfen eine gewisse Größe erreicht hat, wird er instabil und zerplatzt wieder in eine Anzahl kleinerer, die durch Koagulation rasch wieder anwachsen. Dadurch entsteht eine Art Kettenreaktion, die vornehmlich für die intensiven Niederschläge aus mächtigen Kumuluswolken verantwortlich gemacht wird. Auf alle Fälle erfordert die Koagulation eine ständige Auf- und Abwärtsbewegung der Luft. In solchen Wolken kommt es bekanntlich zu starken elektrischen Aufladungen, die schließlich durch Blitze ausgeglichen werden. Sehr wahrscheinlich spielt der elektrische Zustand der Wolke für das Anwachsen der Regentropfen auch eine Rolle dadurch, daß Tröpfchen verschiedener Ladung elektrostatisch angezogen werden. Dafür spricht die Beobachtung, daß aus Wolken mit kräftigen Blitzentladungen häufig starker Regen fällt.

Bei gemischten Wolken, also solchen, bei denen schon Eiskristalle vorhanden sind, aber auch genügend unterkühltes Wasser, kommt noch ein wichtiger Umstand in Frage, auf den bereits ALFRED WEGENER hingewiesen hat. Der Sättigungsdampfdruck über einer Eisfläche ist nämlich kleiner als derjenige über einer Wasserfläche bei gleicher Temperatur. Beispielsweise entspricht einer Sättigung über Wasser bei — 10°C eine Übersättigung in bezug auf Eis von 110%. WEGENER argumentierte nun folgendermaßen: In einer gemischten Wolke liegt der tatsächliche Dampfdruck zwischen den beiden Sättigungsdrucken, und dies hat zur Folge, daß ständig Sublimation stattfindet, während das flüssige Wasser verdunstet; dieser Prozeß führt dazu, daß das Eis in der Wolke auf Kosten der unterkühlten Wassertröpfchen anwächst. Später haben der schwedische Meteorologe BERGERON und der deutsche Meteorologe FINDEISEN diese Idee aufgegriffen und eine Theorie der Regenbildung aufgestellt, die behauptet, daß jeder Regentropfen von einem Radius größer als 250 Mikron ursprünglich eine Eispartikel war, die auf dem Wege bis zur Erdoberfläche durch wärmere Luftschichten fällt und dabei wieder schmilzt. Dies würde bedeuten, daß jede Regenwolke über die Nullgradgrenze hinauf wächst, bevor daraus Regen fallen kann. Heute wissen wir allerdings, insbesondere durch die modernen Radarbeobachtungen, daß auch aus „*warmen*" Wolken recht beachtliche Regenmengen ausfallen können, so daß die eben erwähnte Theorie zwar eine, aber nicht die einzige Art der Entstehung von Regen beschreibt.

In der Abb. 13 sind die wesentlichen Vorgänge der Niederschlagsbildung schematisch wiedergegeben. Auf Grund unserer bisherigen Ausführungen dürfte sich eine besondere Beschreibung

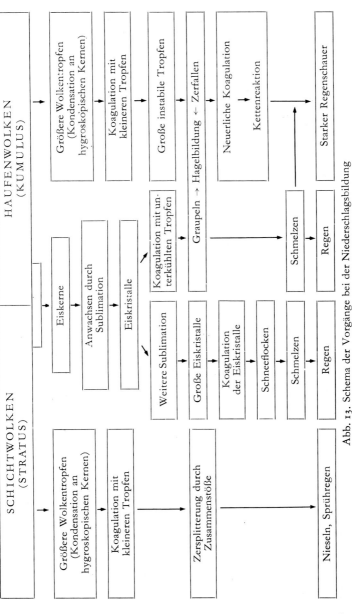

Abb. 13. Schema der Vorgänge bei der Niederschlagsbildung

des Schemas erübrigen. Doch seien noch einige Bemerkungen über eine wichtige Niederschlagsform, den *Hagel*, hinzugefügt. Auch hier haben neuere Untersuchungen unsere Kenntnisse wesentlich vertieft. Vor allem haben Schweizer Wolkenphysiker eine Analysenmethode entwickelt, bei der Hagelkörner in dünne Platten geschnitten und unter polarisiertem Licht untersucht werden. Dabei zeigte sich, daß jedes Hagelkorn aus einer großen Anzahl von Kristallen besteht, wobei die großen Kristalle eine Zone von klarem (durchsichtigem) Eis hervorrufen, die kleinen milchige, undurchsichtige Schichten bilden. Daraus schloß man, daß die undurchsichtigen Teile durch Zusammenstöße mit kleinen, die durchsichtigen mit großen unterkühlten Teilchen entstehen. Das bedeutet aber, daß Hagel nur in solchen Wolken entsteht, in denen getrennte Regionen mit kleinen und großen Tröpfchen in hinreichender Menge zu finden sind. Man muß sich hier vor Augen halten, wie viele Wolkentropfen nötig sind, bis ein Hagelkorn zu seiner normalen Größe anwächst. Um einen durchschnittlichen Regentropfen zu erzeugen, genügen etwa 1 000 000 Wolkentropfen, um aber ein Hagelkorn von Erbsengröße zu bilden, müssen wir 1 000 000 000 kleiner Wolkentropfen verbrauchen. Nun ist verständlich, daß die Größe eines Hagelkornes von der Zeit abhängt, die es in der Wolke verbringt. Nach neueren Untersuchungen muß die starke Aufwärtsbewegung, die das Ausfallen der Hagelkörner vor ihrem Anwachsen zu beachtlicher Größe verhindert, mindestens 1 Std. anhalten, und das führt uns wieder auf die hochreichenden, kräftigen Gewitterwolken als eigentliche Brutstätte für Hagelbildung. Daß nämlich in solchen Wolken tatsächlich Aufwärtsbewegungen der geforderten Größenordnung vorhanden sind, konnte durch direkte Messungen vom Flugzeug aus bzw. wiederum durch Radarbeobachtungen bewiesen werden, wobei hier vor allem auf die wichtigen Untersuchungen, die in den USA im sogenannten Projekt „Thunderstorm" durchgeführt wurden, hingewiesen sei.

Nachdem wir nun den Vorgang der Kondensation und das Anwachsen der einmal entstandenen Wassertröpfchen oder Eisteilchen untersucht haben, müssen wir uns nun die Frage stellen, wie die zur Kondensation erforderliche Abkühlung in der Atmosphäre zustande kommt. Dies kann auf verschiedene Weise geschehen.

Eine Möglichkeit ist diejenige durch Kontakt mit einer kälteren Luft oder einer kälteren Unterlage. Tatsächlich ist dieser Vorgang maßgeblich für die Nebelbildung. Wird warme, feuchte Luft mit kälterer vermischt, muß es zur Kondensation kommen. In größtem Ausmaß wird dies beispielsweise am Atlantischen Ozean im Gebiet von Neufundland beobachtet, wo warme Luftmassen, die im Zusammenhang mit dem Golfstromwasser stehen, sich mit Kaltluft, die über der Labradorströmung lagert, vermischen und große Felder von „*Mischungsnebel*" hervorrufen, die von der Schiffahrt seit langem gefürchtet sind. Ähnliche Mischungsprozesse finden sich in der Atmosphäre sehr häufig. Eine andere Art von Nebelbildung tritt dadurch auf, daß sich nachts die Erdoberfläche durch direkte Ausstrahlung viel rascher und stärker abkühlt als die bodennahe Luftschicht, so daß diese erst durch Berührung mit der Unterlage ihre Wärme abgibt, und es bei Erreichung des Sättigungszustandes zu „Boden- oder Strahlungsnebel" kommt.

Nebel bringt zwar einen fein nässenden Niederschlag (meist als Nieseln oder Sprühregen bezeichnet) hervor, doch ist der eben geschilderte Abkühlungsvorgang bei weitem nicht imstande, große Wasserdampfmengen zu verflüssigen und zu ergiebigen Niederschlägen Anlaß zu geben.

Man könnte nun meinen, daß die Verschiebung einer Luftmasse auf der Erdoberfläche aus einem Hoch- in ein Tiefdruckgebiet ausreicht, um die für eine Wolkenbildung erforderliche Abkühlung zu bewirken. Sicherlich kann beobachtet werden, daß zwischen einem Hoch und einem Tief ein Druckunterschied von 30 mm Hg nicht selten ist, und dies würde nach unseren obigen Überlegungen für eine Temperaturerniedrigung von 3°C ausreichen, was Wolkenbildung hervorrufen könnte, falls die Luft im Hoch bereits nahe dem Sättigungszustand ist. Aber ein Blick auf die Wetterkarte lehrt uns, daß die durchschnittliche Entfernung von einem Hoch zu einem Tief mehrere tausend Kilometer ausmacht. Bei einer so großen Strecke benötigt die Verschiebung einer Luftmasse (wenn sie überhaupt stattfindet) so lange Zeit, daß Temperaturänderungen durch Einstrahlung oder Kontakt mit dem Erdboden dominieren und diejenige durch Druckerniedrigung dagegen zu vernachlässigen ist. Bei kurzen Strecken sind die Druckunterschiede zu gering, um eine nennenswerte Abkühlung hervorzubringen.

Wesentlich anders liegen die Verhältnisse jedoch bei Verschiebung der Luft in der Vertikalen. Wir wissen schon, daß der Luftdruck nach oben hin sehr rasch abnimmt, und zwar im Mittel um 1 mm bei einem Höhenunterschied von 10 m. Wird also die Luft nur um 300 m gehoben, so ist der Druckunterschied bereits so groß wie in der Horizontalen zwischen einem Hoch und einem Tief. Allerdings ist die Aufstiegsgeschwindigkeit im allgemeinen gering, nur einige Zentimeter pro Sekunde. Doch genügt dies bereits, um in wenigen Stunden eine solche Vertikalverschiebung zu erreichen. Bei manchen Wettervorgängen, wie etwa bei Föhn oder bei Ausbildung von Thermikbewölkung, können die Vertikalgeschwindigkeiten leicht 5—10 m/s betragen, und dann benötigt die Luft nur $1/2$—1 Min., um 300 m gehoben oder 300 m gesenkt zu werden. Je rascher die Aufstiegsgeschwindigkeit, desto deutlicher kommt natürlich der Effekt der Abkühlung durch Ausdehnungsarbeit zur Geltung.

Es gibt Wetterprozesse in der Atmosphäre, bei denen die Luftmassen um mehrere tausend Meter gehoben oder gesenkt werden, z. B. bei den früher erwähnten Zirkulationsformen (Land-Meerwind, Monsun usw.). Auch bei den Gewitterwolken, die sich aus kleinen Anfängen rasch entwickeln, sind Aufwinde bis in Höhen von 6000 bis 10000 m festzustellen. Aus allen diesen Beobachtungen gewinnen wir die Überzeugung, daß tatsächlich die auf die Ausdehnungsarbeit zurückzuführende Abkühlung die Hauptursache für die Verflüssigung des Wasserdampfes in der Lufthülle darstellt. Umgekehrt müssen die wolkenauflösenden Vorgänge eng mit Absinkbewegungen gekoppelt sein. Die dadurch hervorgerufene Erwärmung bringt die Luft in einen ungesättigten Zustand und dementsprechend das enthaltene Wasser rasch zum Verdampfen.

Man kann auch berechnen, wie hoch eine Luftmasse gehoben werden muß, damit ihre Temperatur um 1°C sinkt. Es ergibt sich dafür eine Höhe von 100 m, solange kein Wasserdampf verflüssigt wird. Sobald die Kondensation einsetzt und dadurch Wärme frei wird, muß die Luft höher steigen, um dieselbe Abkühlung zu erreichen. Bei einer Hebung von 100 m tritt dann nur eine Temperaturerniedrigung von rund ½°C ein. Durch fortschreitende Aufwärtsbewegung und Abkühlung erreicht die Luft in einer bestimmten Höhe den Gefrierpunkt. Von da ab kann der Wasserdampf gleich in feste Form (Eisteilchen, Schneekristalle) übergehen (sogenannte *Sublimation*), obwohl die Erfahrung und entsprechende Experimente gelehrt haben, daß in der Regel auch bei Temperaturen unter dem Gefrierpunkt zunächst noch kleine (unterkühlte) Wassertröpfchen vorhanden sein können, die allerdings dann bei dem geringsten Anlaß gefrieren. Das plötzliche Ausfrieren unterkühlter Wassertröpfchen spielt bei der Vereisung von Flugzeugen trotz Vorsichtsmaßnahmen, wie etwa Heizung der Tragflächen, auch heute noch eine große Rolle, so daß das Durchfliegen von unterkühlten Wasserwolken mitunter gefährlich werden kann.

Das verflüssigte Wasser kann aus den Wolken als Niederschlag ausfallen oder aber wieder verdunsten, bevor es die Erdoberfläche erreicht. Kleine Tropfen und feine Schneekristalle können selbst bei geringen Aufstiegsgeschwindigkeiten in der Luft schwebend erhalten oder auch aufwärts geführt werden. Aufsteigende Luftbewegung ist jedenfalls der einzige Vorgang, der uns zu einer befriedigenden Erklärung von ergiebigen Niederschlägen innerhalb kürzerer Zeit verhelfen kann. Ebenso sind absteigende Luftströmungen für das Verständnis der Wolkenauflösung unerläßlich.

Wie Luftströmungen entstehen, haben wir im Kapitel 4 erfahren. Nun können wir verstehen, daß in einem Tiefdruckgebiet, wo die Luft von allen Seiten einströmt und im Zentralbereich nach oben entweichen muß, sich Wolken und Niederschlag bilden, während im Hoch infolge der nach außen abfließenden und von oben nach unten nachströmenden Luft eine wolkenauflösende Wirkung festzustellen ist. Allein diesem Umstand verdanken Tief und Hoch ihren Ruf als Schlecht- bzw. Schönwettergebiet, und nicht etwa dem tiefen und hohen Luftdruck selbst. Es kann daher ohne weiteres der Fall eintreten, daß auch bei hohem Luftdruck starke Bewölkung herrscht, falls die Absinkbewegung zu schwach ist oder durch eine besondere Temperaturschichtung unterbunden wird.

Im Winter begünstigt klarer Himmel in einem Hoch die nächtliche Ausstrahlung, wodurch es zu starker Abkühlung der bodennahen Luftschicht und damit zu Bodennebel kommt. Dann befindet sich die kältere Luft unter einer wärmeren, und die vertikale Temperaturverteilung zeigt einen vom Normalfall abweichenden Verlauf. Diese Temperaturumkehr, von den Meteorologen auch *Temperaturinversion* genannt, spielt für die Dämpfung bzw. gänzliche Unterbindung vertikaler Luftströmungen eine große Rolle. Die Tageserwärmung reicht dann oft nicht aus, um eine thermisch induzierte Aufwärtsströmung zu erzeugen, die imstande ist, die Inversion zu durchsetzen, und es bleibt im Hoch den ganzen Tag über nebelig-trüb. Es gibt Hochdruckwetterlagen im Winter, bei denen es tagelang auf den Bergen wärmer sein kann als in den Tälern, die durch eine tiefe hochnebelartige Wolkendecke von der sonnigen Höhe geschieden sind. Hier ist die Ursache für die Wolkenbildung allerdings die Wärmeausstrahlung und die damit verbundene Abkühlung, und nicht die aufsteigende Luft.

Umgekehrt liegen die Verhältnisse bei sommerlichen Gewittern. Sie werden dadurch hervorgerufen, daß in der warmen Jahreszeit bei Schönwetter die Erwärmung der untersten Luftschichten so stark wird, daß diese — obwohl unter höherem Druck stehend — leichter werden als die darüberbefindliche Luft. Sie ist dann — wie es der Meteorologe ausdrückt — im Zustand labilen Gleichgewichts. Es genügt ein geringfügiger Anstoß, um die Warmluft zu heben und zu Wolkenbildung und Gewitter Anlaß zu geben. Wir sprechen dann von *Thermikbewölkung* oder von *Wärmegewittern*. Die Luft kühlt sich allerdings beim Aufstieg rasch ab und verliert dann in einer bestimmten Höhe ihren Auftrieb gegenüber der Umgebung. Ist die Luft feucht, so bilden sich bald Wolken, und die Temperaturabnahme der weiter nach oben strebenden Luft ist wesentlich reduziert, so daß der Auftrieb bis in viel größere Höhen wirksam wird *(feuchtlabiler Zustand)*. In großen Mengen wird dann der Wasserdampf verflüssigt, die Wolke wächst rasch und weitet sich zu einem mächtigen Kumulonimbus aus (s. Abb. 14). Dadurch werden auch die Bedingungen für die elektrischen Entladungen geschaffen.

Aus diesen Beispielen ist ersichtlich, daß es sehr verschiedene Arten der Bewölkung gibt, und daß die Entstehung der Wolke entscheidend für ihre horizontale und vertikale Erstreckung ist. Aus den Wetterberichten dürfte schon jedermann von den drei

Abb. 14. Kumuluswolke (mächtig aufgetürmte Haufenwolke, aus WMO-Wolkenatlas)

Grundformen der Wolken gehört haben. Es sind dies: *Haufen-* oder *Kumuluswolken* (Cu), *Schicht-* oder *Stratuswolken* (St) und *Feder-* oder *Zirruswolken* (Ci). Natürlich gibt es auch eine Reihe von Mischformen, die aus Kombination der Grundformen entstehen, wie etwa Zirrokumulus oder Stratokumulus. Ferner wird noch durch Hinzufügen von „alto" (hoch) angedeutet, daß es sich um Wolken in größerer Höhe handelt, etwa Altokumulus. Daneben wird auch noch eine Bezeichnung für die Niederschlagswolken, nämlich Nimbus, verwendet. Es gibt einen Nimbostratus als mächtige Schichtwolke mit Landregen oder einen Kumulonimbus als Gewitterwolke.

Die verschiedenen Wolkenformen haben auch eine verschiedene Entstehungsgeschichte. Rasches Aufquellen überhitzter warmer Luft erzeugt einen Kumulus, weshalb er auch mitunter als *Quellwolke* oder *Thermikwolke* bezeichnet wird. Es ist daher verständlich, daß sich in niedrigeren Breiten die Kumuli bis in größere Höhen erheben und auch in den gemäßigten Breiten im Sommer weitaus häufiger sind als im Winter. Eine sehr häufige Wolkenform ist der Stratokumulus, der in Gestalt einzelner Ballen oder Walzen den ganzen Himmel bedecken kann, ohne daß die vertikale Mächtigkeit beträchtlich ist. Die Aufwärtsbewegung ist in diesem Fall zu gering, um Niederschläge bewirken zu können, doch groß genug, um die Wolken aufrechtzuerhalten. Die reine Schichtwolke verdankt ihre Entstehung entweder einer starken Abkühlung durch Wärmeausstrahlung *(Hochnebel)* oder aber einer über weite Strecken reichenden Hebung *(Aufgleitwolken)*, z. B. beim Herannahen von Warmluft in ein Gebiet, das noch im Bereich einer (niedrigen) Kaltluftmasse liegt. Die Zirruswolken sind reine Eiswolken und deswegen nur in höheren Schichten der Troposphäre zu finden. Da sie meist mit der oberen, vielfach rascheren Luftströmung mitziehen und daher Aufschluß über diese Luftströmung und damit auch über Wetteränderung geben können, gelten sie mit Recht als willkommene Wetterboten, die dem aufmerksamen Beobachter oft das Herannahen einer Verschlechterung anzeigen.

Die naturverbundene Bevölkerung am Land hat daher aus langjähriger Erfahrung verschiedene „Regeln" abgeleitet, die die moderne Wissenschaft durchaus bestätigen kann. Im Sommer erwarten wir bei Schönwetter erst am Nachmittag die Haufenwolken, und wenn es dann auch zu Wärmegewittern kommt, wird man kaum auf eine Wetterverschlechterung schließen müssen. Bodennebel ist im Herbst und Winter ebenfalls eine Begleiterscheinung eines an sich schönen Wetters. Doch wenn nach einer Schönwetterperiode hoch am Himmel die ersten Federwolken sich zeigen, rasch verdichten und schließlich Zirrostratus aufzieht, der den ganzen Himmel bedeckt, und diese Wolkendecke allmählich absinkt, also in Altostratus übergeht, dann wird jeder dies mit Recht als Vorbote eines Schlechtwettereinbruches deuten. Der Meteorologe kann sich jedoch mit der rein optischen Betrachtung der Wolken nicht zufrieden geben. Er hat sich die Fortschritte der Technik zunutze gemacht, um auch über Zusammensetzung, Aufbau, Bewegung und großräumige Verteilung der Wolken Informationen zu erhalten.

Zunächst sei auf die Bedeutung der *Radargeräte* für die Wolkenphysik aufmerksam gemacht. Sie wurden während des zweiten Weltkrieges entwickelt, um feindliche Luft- und Erdziele zu orten, haben sich aber inzwischen zu einem äußerst wertvollen Hilfsmittel der Meteorologie entwickelt. Eine eingehende Beschreibung des Radars würde den Rahmen des Buches sprengen. Es sei nur kurz das Prinzip erklärt. Beim Radar werden von einem Sender kurze starke Impulse elektromagnetischer Wellen ausgesendet und gleichzeitig die von den angestrahlten Objekten reflektierten Strahlen in einem Empfangsgerät gemessen. Aus der (sehr geringen) Zeitdifferenz zwischen emittiertem und einfallendem Strahl ergibt sich (mittels der bekannten Lichtgeschwindigkeit) die Entfernung des Objekts. Verwendet man beim Radar eine Wellenlänge von 3—10 cm, so erhält man nur Echos von Wolkenpartikeln, die größer als 0,5 mm sind, so daß nur Tropfen von Niederschlagsgröße erfaßt werden. Der Nutzen des Radargerätes liegt dann vor allem darin, daß es uns eine Möglichkeit schafft, sowohl die Niederschlagsbildung als auch die Verlagerung der Niederschlagsgebiete selbst verfolgen zu können. Man hat Zusammenhänge zwischen der Intensität des Niederschlagsgebietes und der Stärke des Radarechos gefunden sowie die Struktur der „gemischten" Wolken untersuchen können. In der Schmelzzone einer gemischten Wolke zeigt nämlich der Radarschirm ein helles Band (bright band echo), das hauptsächlich wegen eines Sprunges der Dielektrizitätskonstante beim Übergang von der festen zur flüssigen Phase zustande kommt.

Auch das *Dopplersche Prinzip* wird durch Einsatz besonders konstruierter Radargeräte für die Wolkenphysik verwendet. Dieses Prinzip beruht auf folgender Überlegung: Wenn eine wellenaussendende oder reflektierende Quelle (in unserem Fall Radarwellen) sich dem Beobachtungsort nähert, so kann man dies auch so deuten, als ob wir gewissermaßen den Wellen entgegenliefen (Relativität der Bewegung). Dadurch empfangen wir aber im Aufnahmegerät pro Sekunde mehr Schwingungen als bei konstanter Entfernung zwischen Sende- und Empfangsgerät. Dies zeigt sich in einer Verschiebung des Wellenspektrums zu kürzeren Wellenlängen hin. Bei sichtbarem Licht ergibt dies eine Blauverschiebung, bei Schallwellen eine Erhöhung des Tones. Umgekehrt muß bei einer zunehmenden Entfernung der Quelle eine Verschiebung zu längeren Wellen (Rotverschiebung, Erniedrigung der Tonhöhe) eintreten. Das „Doppler-Radar" gestattet also die Zugrichtung der Niederschlagsgebiete relativ zum Beobachter sehr genau zu messen, was mitunter von großer prognostischer Bedeutung ist.

In jüngster Zeit ist noch ein Hilfsmittel zur Untersuchung der Wolkenstruktur hinzugekommen, nämlich der *Laserstrahl*. Die

Geräte beruhen auf einem ähnlichen Prinzip wie die Radargeräte, nur werden dabei die ungeheuer straff gebündelten Strahlen des Rubin-Lasers in einem Wellenlängenbereich von 0,5—0,6 Mikron verwendet. Mit Hilfe des Laserstrahles gelingt es, Reflexionen sowohl von der Wolkenuntergrenze als auch von der Obergrenze zu erhalten, was für die Bestimmung der Mächtigkeit der Wolken wichtig ist.

Für das Studium der großräumigen Wolkenstruktur wurde ein anderes Beobachtungsinstrument der hochstrebenden Technik des 20. Jahrhunderts außerordentlich wertvoll, der *Wettersatellit* (s. Abb. 15). Die Satellitenbilder sind eine notwendige Ergänzung der Wolkenansichten, wie sie sich uns von der Erdoberfläche aus darbieten. In mancher Hinsicht sind sie den Erdbeobachtungen überlegen. Gerade die großräumige Struktur der Wolkenfelder im Bereich eines Tiefs oder an Wetterfronten kann praktisch nur von oben her erfaßt werden, da die Wolkenbeobachtungen an den meteorologischen Stationen immer nur ein kleines Blickfeld überdecken und die weiten Strecken zwischen den Stationen nicht überbrückt werden können. Dies ist vor allem über dem Ozean von Bedeutung, wo die Beobachtungen von der Erde aus besonders spärlich sind. Da aber gerade über den Ozeanen die Mehrzahl der Tiefdruckgebiete entsteht, sind Informationen über diese Bereiche sehr wichtig. Speziell bei der frühzeitigen Erfassung der gefürchteten tropischen Wirbelstürme haben Wettersatelliten bereits hohe prognostische Bedeutung erlangt.

Wie entstehen aber Satellitenbilder? Prinzipiell sind zwei Arten von Bildern zu unterscheiden. Die sogenannten TV-Bilder[1] entsprechen etwa den üblichen Fotografien: Flächen mit hohem Reflexionsvermögen im sichtbaren Spektralbereich erscheinen auf ihnen hell, solche mit geringem Reflexionsvermögen, etwa die unverschneite Erdoberfläche, sind dunkel. Die IR-Bilder entstehen dagegen aus Strahlungsmessungen im infraroten Spektralbereich und geben Auskunft über die Temperatur der strahlenden Körper. Warme Objekte erscheinen dunkel, kalte hell. Je höher die Obergrenze einer Wolke, desto kälter ist sie und desto heller erscheint sie am IR-Bild. Vergleiche zwischen TV- und IR-Bildern des

---

[1] Sie können nur vom sonnenbeschienenen Teil der Erde gemacht werden.

Abb. 15. Photomontage des Wettersatelliten TIROS X über Nordamerika (Goddard Space Flight Center Greenbelt, Maryland, USA)

gleichen Gebietes zum selben Zeitpunkt sind aufgrund des wesentlich verschiedenen Informationsgehaltes der beiden Bilder besonders fruchtbar.

Von der Art des Satelliten hängt das Format des Bildes ab. Die ersten Satelliten (TIROS- und ESSA-Serien) stellten entlang ihrer

Flugbahnen Einzelaufnahmen her, die sich gegenseitig überlappten. Die Satelliten der NOAA-Serie, die derzeit im Einsatz stehen, übermitteln kontinuierlich, sozusagen zeilenweise, das Bild der Wolken- und Erdoberfläche entlang ihrer Bahn. Die Bahnen beider Satellitentypen führen nahezu über die Pole, wobei bei jedem Durchgang ein anderer Teil der Erde überflogen wird. Sowohl die Einzelbilder als auch die zeilenweise übermittelten Bildstreifen können daher zu sogenannten Bildmosaiken zusammengesetzt werden, die dann eine ganze Hemisphäre oder auch irgendeinen Teil davon überdecken. Dabei muß selbstverständlich die Verzerrung der Bilder durch die Erdkrümmung und die zeitliche Verschiebung der einzelnen Aufnahmen berücksichtigt werden.

Außer den Satelliten, die die Erde umkreisen, gibt es auch noch die sogenannten „geostationären" Satelliten, die sich ständig über dem selben Punkt der Erdoberfläche befinden und von dort aus immer wieder das gleiche Gebiet aufnehmen. Mit ihrer Hilfe ist es möglich, zeitliche Abläufe zu erfassen, die den kreisenden Satelliten entgehen, da diese jedes Gebiet nur alle 24 Stunden überfliegen.

In Abb. 16 ist ein TV-Einzelbild eines Tiefdruckgebietes der gemäßigten Breiten (Islandtief) aus kosmischer Sicht wiedergegeben. Hier zeigt sich sehr deutlich die spiralförmige Struktur im Bereich der Tiefdruckgebiete, ein Resultat, das gut zu den von uns bereits theoretisch begründeten spiralförmigen Stromlinien paßt.

Wie ein Wolkenmosaik aussieht, zeigt die Abb. 17 für die Südhalbkugel, übrigens ein Gebiet, von dem wir durch Beobachtungen von der Erdoberfläche aus nur sehr wenig erfahren, da die größten Teile davon vom Meer eingenommen werden oder der unwegsamen und unwirtlichen Antarktis angehören. Anhand dieses TV-Mosaiks wollen wir auch gleich einige charakteristische Wolkenformationen beschreiben. Im Zentrum des kreisförmigen Bildes ist die Antarktis als weiße Fläche erkennbar. Allerdings handelt es sich dabei nicht um Bewölkung, sondern um Schnee und Eis, die ebenfalls die einfallende Sonnenstrahlung zu einem hohen Prozentsatz reflektieren. Das reflektierte Sonnenlicht wird von den Sensoren des Satelliten gemessen. Es gibt verschiedene Möglichkeiten, Schneefelder von Wolken zu unterscheiden. Die

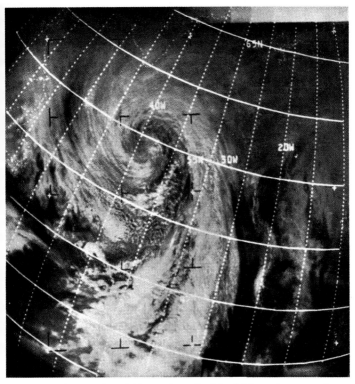

Abb. 16. Aufnahme der Wolkenstruktur des Islandtiefs vom 12. 2. 1967 um 15.03 Uhr GMT mittels des Wettersatelliten ESSA 3. Das Zentrum des Tiefdruckgebietes mit einem Bodenluftdruck von 962 mb lag bei 54° N und 38° W (National Environmental Satellite Center, Washington, D.C., USA)

einfachste Methode besteht darin, Satellitenbilder aufeinanderfolgender Tage zu betrachten. Während nämlich die Wolkenfelder im allgemeinen stark veränderlich sind, ändern sich die Reflexionen, die durch Schneefelder hervorgerufen werden, kaum.

An das Gebiet der Antarktis schließt sich in unserem Bild eine Zone mit reichlicher aber örtlich variabler Bewölkung an. Das besondere Merkmal dieser Zone sind charakteristische Wolkenspiralen, die mit Tiefdruckgebieten zusammenhängen. Eine dieser Spiralen greift auf die Südspitze von Südamerika über, zwei weitere

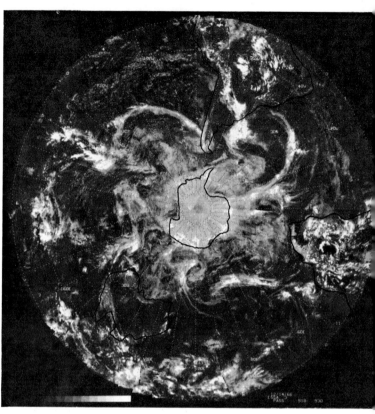

Abb. 17. Wolkenstruktur über der gesamten Südhalbkugel. Dieses Wolkenbild wurde aus Aufnahmen, die der Wettersatellit ESSA 3 während 13 Erdumkreisungen am 14. 12. 1966 gemacht hat, zusammengestellt (National Environmental Satellite Center, Washington, D.C., USA)

befinden sich zwischen Australien und der Antarktis. Von den Spiralen gehen langgestreckte Wolkenbänder aus, die Frontalzonen darstellen. Aus der Form der Spiralstruktur können Schlüsse auf den Entwicklungsgrad der Tiefdruckstörung gezogen werden. Während die Bewölkung in den Wolkenbändern kompakt ist, ist sie auf der Rückseite der Spiralen aufgelockert. Dies zeigt meist einströmende Kaltluft an. Je weißer die Wolkenreflexionen sind, um so höherreichend ist die Bewölkung, um so wahrscheinlicher kann ein Niederschlag in diesem Bereich angenommen werden. An die Zone der Tiefdruckspiralen schließt sich nach außen ein Gürtel mit geringerer Bewölkung an. Hierbei handelt es sich um die subtropischen Hochdruckgebiete. In Äquatornähe ist dann wieder ein Band stärkerer Bewölkung erkennbar, hervorgerufen durch die intertropische Konvergenzzone (ITC). Sie ist auf Satellitenbildern der Südhalbkugel nicht so gut ausgeprägt wie auf solchen der Nordhalbkugel. Im Fall der Abb. 17 sieht man vor allem am unteren Rand starke Wolkenfelder in unregelmäßig angeordneten Zellen.

Der kurze Überblick über die Wolkenphysik wäre unvollständig, würden wir nicht einige Worte über die Problematik der künstlichen Niederschlagsbildung verlieren, zumal gerade dieses Problem von weit über das Fachgebiet hinausgehendem Interesse ist. Die ersten diesbezüglichen Versuche gingen von der bereits erwähnten Beobachtungstatsache aus, daß in der Natur offenbar geringe Bereitschaft zur Eisteilchenbildung besteht. Man fragte sich daher, wie diesem Mangel abgeholfen werden könnte. Zwei Wege schienen erfolgversprechend. Einmal eine künstliche „Kühlung" der Wolke, etwa durch Einstreuen von festem Kohlendioxid, zum anderen Vermehrung von künstlichen Kristallen. Da herausgefunden wurde, daß Silberjodid eine ähnliche kristalline Struktur hat wie Eis, versuchte man, dieses als Sublimationskern der Wolke zuzuführen. Tatsächlich fand sich im Laboratorium eine Eisbildung an diesen Kernen schon bei Temperaturen zwischen $-4$ und $-10°$C, also jedenfalls bei höheren Temperaturen als bei den natürlichen Kernen (ausgenommen die Eiskristalle selbst). Natürlich versuchte man auch, direkt Wassertröpfchen in eine „warme" Wolke vom Flugzeug aus zu versprühen, um die Koagulation zu erhöhen. So eindeutig die Versuchsergebnisse im Labor sind, so schwierig ist es, die Wirksamkeit der Maßnahmen in der Natur nachzuweisen. Es geht dabei nicht nur um die Frage, ob eine Wolke aufgrund des zugeführten Silberjodids Niederschlag bringt oder ob sie auch ohne menschlichen Eingriff mit Regen verbunden gewesen wäre, sondern auch darum, ob durch frühzeitiges Ausregnen über einem Gebiet ein anderes weniger Niederschlag bekommt. Zu dem meteorologischen Problem gesellt sich also noch ein rechtliches. Obwohl bereits seit einigen Jahren Experimente durchgeführt werden, die obige und ähnliche Fragen auf statistischer Basis klären sollen, ist noch keine eindeutige Aussage darüber möglich, ob künstliche Niederschlagsbildung wirklich gezielt eingesetzt werden kann oder nicht.

So wichtig die menschliche Beeinflussung des Niederschlags noch werden mag, nie wird sie in ihren Ausmaßen an die natürlichen Vorgänge heranreichen. Für diese ist die Verlagerung der verschieden gearteten Luftmassen in Abhängigkeit von der Luftdruckverteilung maßgebend. Davon soll im nächsten Kapitel die Rede sein.

## 6. Luftmassen und Wetterfronten

Bereits vor mehr als 100 Jahren wurde das Wettergeschehen in den höheren Breiten der Hauptsache nach als ein Kampf zwischen kalten und warmen Luftmassen aufgefaßt (Theorie von Dove). Seitdem konnten wir unsere Kenntnisse vertiefen und durch zahlreiche Untersuchungen theoretischer und empirischer Art den Mechanismus des Austausches der Luftmassen genau verstehen lernen. Dadurch ist das Grundkonzept von Dove wieder zu Ehren gekommen, nachdem es einige Jahrzehnte völlig abgelehnt worden war.

In den mittleren und höheren Breiten wird ein ständiges Nebeneinander von verschieden temperierten Luftmassen beobachtet, wenngleich natürlich das Ursprungsgebiet der warmen Luftmassen im Süden, der kalten im Norden zu suchen ist. Dieses Nebeneinander stellt in der Regel keinen physikalischen Gleichgewichtszustand dar, so daß die warmen und kalten Luftmassen in einem dauernden Wechsel sozusagen um die Vorherrschaft kämpfen, bis durch großräumige Durchmischung ein Temperaturausgleich erfolgt.

Besonderes Interesse wird den Grenzflächen zweier Luftmassen geschenkt, und deren Schnittlinie mit der Erdoberfläche. In Wirklichkeit handelt es sich nicht um eine mathematische Fläche oder Linie, sondern um eine Übergangsschicht von unterschiedlicher Dicke, innerhalb der sich die Temperatur rasch ändert. Aus rein physikalischen Erwägungen heraus folgt, daß die Grenzfläche nie senkrecht verlaufen kann, sondern so geneigt ist, daß die kalte Luft sich keilförmig unter die Warmluft schieben kann.

Man bezeichnet diese Übergangsschicht, genauer deren Schnittlinie mit der Erdoberfläche auch als *Front*. Je nachdem, ob die kältere oder wärmere Luftmasse im Vormarsch ist, spricht man von Kalt- oder Warmfront. Immer muß dabei allerdings bedacht werden, daß ein direkter Vergleich der beobachteten Temperaturen nur unter denselben Druckverhältnissen möglich ist, da, wie im vorangegangenen Abschnitt erklärt wurde, eine Vertikalverschiebung der Luft eine Temperaturänderung bewirkt. Auf einem Bergobservatorium in 3000 m Höhe ist eine Temperatur von $+10°C$ ein Wärmerekord, der Temperaturwerten von mehr als $30°C$ in der Niederung entspricht. Um zu einer objektiven Entscheidung darüber zu kommen, ob es sich um eine Kaltluft- oder Warmluftmasse handelt, ist daher eine „Reduzierung" auf ein bestimmtes Druckniveau, ähnlich der Reduzierung des Luftdruckes auf das Meeresniveau, notwendig. Natürlich haben die Meteorologen mathematisch-physikalische Formeln entwickelt, die es gestatten, sofort die Temperaturen in verschiedenen Höhen untereinander zu vergleichen.

Warum sind nun die Fronten für die Beurteilung des Wettergeschehens so wichtig? In den Wetterberichten wird viel von Wetterfronten gesprochen; manche Formulierung klingt beinahe wie ein Gefechtsbericht. Das hat seinen guten Grund. Sind doch gerade die markantesten Wettererscheinungen an Fronten gebunden. Dies können wir leicht einsehen. In der Abb. 18 sind die Verhältnisse an einer Kalt- bzw. Warmfront schematisch wiedergegeben. Wir sehen, daß im Frontgebiet die in der einheitlichen Luftmasse mehr oder weniger horizontal verlaufenden Strömungen eine wesentliche Vertikalkomponente erhalten. Durch eine vorrückende Kaltluft wird die warme Luft gehoben, also zum Aufsteigen veranlaßt, so daß besondere Wolkenbildungen und häufige Niederschläge die Folge sind. Auch im Fall einer Warmfront wird die warme Luft gehoben. Sie gleitet auf der trägeren Kaltluftmasse auf. Dieser Prozeß führt ebenfalls zu Wolkenbildungen und Niederschlägen.

Das Wetter, das im Zusammenhang mit einer Kaltfront beobachtet wird, unterscheidet sich dennoch recht deutlich von dem

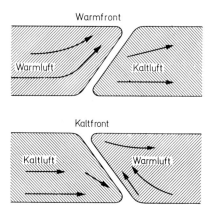

Abb. 18. Schematische Erläuterung der Begriffe Warmfront (oben) und Kaltfront (unten)

einer Warmfront. In beiden Fällen gilt, daß die Wettererscheinungen, die mit einer Front verbunden sind, um so eindrucksvoller sind, je größer der Temperaturunterschied zwischen Warm- und Kaltluft ist. Außerdem hängen sie von der Feuchte der Luft und vom Bewegungszustand der vordringenden Luftmasse ab. In den Abb. 19 a u. b sind die charakteristischen Wolkenformen veranschaulicht. Beide Fronten kündigen sich in der Höhe durch Zirruswolken an, die der eigentlichen Wetterfront weit vorauseilen. Ursache dafür ist die größere Windgeschwindigkeit in hohen Schichten, die diese zarten Federwolken der eigentlichen Front vorausschickt. Die weitere Entwicklung des Wolkenbildes bei Annäherung der Front ist aber in beiden Fällen grundverschieden. Die Kaltfront zeigt sich als eine massive Ballung von in einer Reihe angeordneten Kumulonimbuswolken, die wie eine Walze heranrollen. Das eigentliche Wolken- und Niederschlagsfeld ist auf die Übergangszone, also den Frontenbereich selbst, beschränkt. Erreicht die Front den Beobachtungsort, so frischt der Wind stürmisch auf, meist unter Richtungswechsel. Die Temperatur beginnt zu sinken, der Luftdruck steigt, und es fällt Regen (Hagel, Schnee oder Graupeln). Der Niederschlag fällt mit Unterbrechung (wir sprechen von Schauern), aber in heftigen Güssen. In der warmen Jahreszeit kommt es zu „*Frontgewittern*". Nach

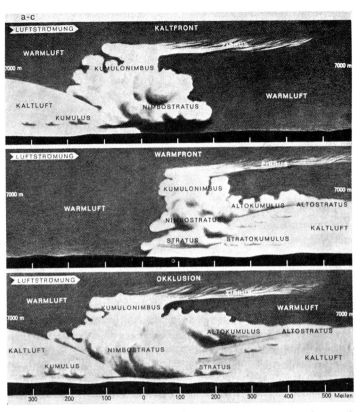

Abb. 19. Wolkenformation a) an einer Kaltfront, b) an einer Warmfront und c) an einer Okklusion

Frontdurchgang tritt oft rasche Aufheiterung ein, doch bleibt die Neigung zu Regenschauern bestehen. Das Wetter ist unbeständig (sogenanntes *Rückseitenwetter*).

Anders verhält sich die Warmfront. Hier stellen sich schon weit vor dem Frontgebiet sogenannte „Aufgleitwolken" ein. Die Zirruswolken zeigen schon Stratuscharakter und gehen in Altostratus und später in Nimbostratus über. In höheren Schichten sind ebenfalls Kumulonimbusformen bemerkbar. Doch ist die ganze Entwicklung ungleich ruhiger als bei der Kaltfront. Aus den Aufgleitwolken fallen bereits weit vor der Front Niederschläge, die in ihrer Intensität mäßiger sind, aber dafür länger anhalten *(Landregen)*. Erst wenn die Warmfront den Beobachtungsort passiert hat und die Kaltluft weggeräumt ist, setzt gleichzeitig mit Temperaturanstieg Wolkenauflösung ein. Die Wetterbesserung nach Frontdurchgang vollzieht sich hier vollständiger als hinter der Kaltfront, obwohl der Luftdruck im letzteren Fall stark ansteigt, im ersteren mitunter noch fällt.

Im übrigen lassen sich nicht alle Wetterfronten in die beiden Prototypfälle Kalt- und Warmfront einordnen. Zumindest muß noch eine dritte Variante hinzugenommen werden, die sogenannte *Okklusion*. Hier treffen nahe der Erdoberfläche zwei (allerdings verschieden temperierte) Kaltluftmassen aufeinander. Die Warmluft ist demgegenüber abgehoben und befindet sich sowohl vor als auch nach der Front in der Höhe. Die Bewölkungsverhältnisse stellen dementsprechend eine Kombination der Bewölkung bei der Kalt- und Warmfront dar, und zwar so, daß das Wolkenbild vor der Okklusion dem der Warmfront, auf der Rückseite der Front dem der Kaltfront ähnlich ist (s. Abb. 19 c).

Es kann auch vorkommen, daß zwar eine Grenzlinie zwischen zwei verschiedenen Luftmassen durch einen markanten Temperatursprung gekennzeichnet ist, aber keine der geschilderten Wolkenformen auftreten. Man spricht dann schlechthin von einer *„Luftmassengrenze"*. Wir werden später noch erfahren, daß Luftmassengrenzen und die drei typischen Frontenarten in enger Beziehung zu Tiefdruckgebieten stehen.

Man darf nicht glauben, daß bei Durchzug einer Kalt- oder Warmfront die Vorgänge immer gleichartig verlaufen. Leider sind die Temperaturunterschiede zwischen den verschiedenen Luftmassen nahe der Erdoberfläche oft sehr verwischt, so daß die Temperaturwerte der Bodenstation nicht gut zur Festlegung der Fronten auf der Wetterkarte (Fronten- oder Luftmassenanalyse) geeignet sind. Es müssen unbedingt auch Radiosondenmessungen zur Erfassung der Verhältnisse in der Höhe herangezogen werden.

Man wird sein besonderes Augenmerk auch auf die geschilderten Wolkenbilder richten. Hier leisten neuerdings die Wettersatelliten gute Schützenhilfe. Zwar kann das Satellitenbild keine Unterscheidung der Wolkenformen, wie sie von der Erdoberfläche gesehen werden, vornehmen, aber der große Ausschnitt im Satellitenbild zeigt deutlich die linienförmige Anordnung und die Ausdehnung der Fronten, insbesondere der Kaltfronten und Okklusionen. Ein weiteres wichtiges Hilfsmittel für die Frontenanalyse stellen die Windbeobachtungen dar. Sowohl theoretische Überlegungen als auch die praktische Erfahrung lehren uns nämlich, daß an Fronten ein mehr oder weniger markanter Windsprung auftritt. Im allgemeinen und vor allem in der kälteren Jahreszeit werden auch Niederschlagsgebiete fast durchwegs mit den Vorgängen an den Fronten in Zusammenhang zu bringen sein, so daß der Verlauf der Front auch durch die gemeldeten Niederschläge festgelegt werden kann.

So häufig ein Wetterablauf in der zuvor geschilderten Weise auch zu beobachten ist, so verschieden ist von Fall zu Fall die Zeitspanne, die dazu benötigt wird. Ebenso ist die horizontale und vertikale Ausdehnung der Luftmassen sehr unterschiedlich. Kaltluftmassen, die bei sommerlichen Gewittern auftreten, sind sehr niedrig, obwohl die Wirkung außerordentlich groß sein kann. Bei kräftigen Kaltlufteinbrüchen kann die Höhe, bis zu der sich die Kaltluft erstreckt, 5—8 km erreichen.

Solche Kälteeinbrüche mit hochreichenden Luftmassen, die in Form eines Kaltluftstromes aus der Polarregion ausbrechen, können in jeder Jahreszeit vorkommen. Die höchsten Breiten unseres Planeten, das Nord- und Südpolargebiet, stellen gewaltige Sammelbecken kalter Luft dar. Die Kaltluftmassen greifen allseitig keilförmig unter die wärmeren Luftmassen der niedrigeren Breiten. Dies allein wäre noch kein Grund dafür, daß es zu einer echten frontalen Grenzfläche zwischen Kalt- und Warmluft kommt, also zu einer relativ schmalen Übergangszone, in der sich die Temperatur mehr oder weniger sprunghaft ändert. Wichtig ist noch der Bewegungszustand der Luft bzw. die Luftdruckverteilung. Wir haben bei Besprechung der allgemeinen Zirkulation erfahren, daß im Polargebiet östliche, in den mittleren Breiten aber westliche Winde vorherrschen. Wenngleich es sich hier nur um mittlere Verhältnisse handelt, erkennt man sofort, daß diese Strömungen zunächst einen direkten Austausch zwischen Kalt- und Warmluft verhindern, da sie wesentlich zonal (breitenkreisparallel) orientiert sind. Es wird daher die Kaltluft im Bereich um den Pol durch die Ostwinde von der wärmeren Luft der Westwindzone getrennt, und die Grenzfläche müßte im Idealfall entlang eines Breitenkreises liegen. Man nennt diese Grenzfläche auch die *„Polarfront"*.

Im Einzelfall hat die Polarfront einen Verlauf, der von diesem „Modell" mehr oder weniger stark abweicht. Trotzdem kann man in theoretischen Überlegungen von einer zonalen Polarfront ausgehen und die tatsächlichen Verhältnisse als „Wellen" beschreiben, die sich aus ursprünglich kleinen „Störungen" aufschaukeln, so daß dann (Abb. 20) an manchen Stellen polare Kaltluft in Form von Kältewellen weit äquatorwärts in das Warmluftgebiet hineinstößt, während gleichzeitig an anderen Stellen die kompensierende Warmluft nach Norden verfrachtet wird. Die Vorstellung der Entwicklung von Wellen an der Polarfront hat sich vor allem durch die grundlegenden Forschungen der norwegischen Meteorologenschule unter Führung von V. Bjerknes als außerordentlich fruchtbar erwiesen.

Die veränderliche Witterung der mittleren Breiten wird hauptsächlich durch den ständigen Wechsel zwischen kalten und warmen Luftströmungen hervorgerufen. Allerdings sind nicht alle Stellen des Polargebietes für das Ausbreiten von Kaltluft gleich geeignet. Bevorzugte Stellen sind, wie die Erfahrung lehrt, die Ostseite des Felsengebirges Nordamerikas, die Ostküste Grönlands, die nord-südlich verlaufende Gebirgskette des Urals und die

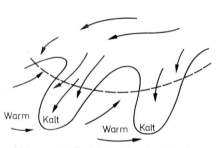

Abb. 20. „Wellenbildung" an der Polarfront. Vorstoß der Kaltluft nach Süden und der Warmluft nach Norden

gebirgige Ostküste des asiatischen Festlandes. Es hat daher den Anschein, als würden die Gebirge eine wesentliche Beeinflussung der Strömungen bewirken und derart bereits die Gestalt der Polarfront „orographisch" modifizieren. In Mitteleuropa kommen im Winter häufig Kälteeinbrüche aus Nordosten, also aus der Gegend des Uralgebirges und aus dem Gebiet von Nowaja Semlja, während im Sommer und auch im Frühjahr und Herbst fast ausschließlich Kältevorstöße von Nordwesten her zu beobachten sind. Auch im Winter können bei entsprechender Luftdruckverteilung arktische Kaltluftmassen aus Nordwesten, also aus dem Raum zwischen Grönland und Island, herangeführt werden. Aber da diese Kaltluftströme dann einen langen Weg über das im Winter relativ warme Meer zurücklegen müssen, gelangen sie bereits „vorgewärmt" nach West- und Mitteleuropa, so daß in der Niederung die Abkühlung gering ist oder sogar leichte Erwärmung eintreten kann. In größerer Höhe (etwa auf den Bergen) ist jedoch auch in einem solchen Fall kräftiger Temperaturrückgang die Folge. Die Meteorologen sprechen dann von einem Einbruch „*maritimer*" Kaltluft, im Gegensatz zu der von Nordosten herangeführten „*kontinentalen*" Arktikluft. Andererseits darf man nicht immer gleich von Polarluft sprechen, wenn etwa im Sommer in Mitteleuropa kühle Meeresluft aus West oder Nordwest einbricht. Die Luft über dem Atlantischen Ozean ist in der warmen Jahreszeit immer beträchtlich kälter als über dem Festland, so daß Abkühlung mit Niederschlägen eintritt, ohne daß die primäre Ursache dafür ein Ausbruch von Arktikluft aus dem Polargebiet sein muß.

Am eindrucksvollsten und auch am leichtesten ist die Verfolgung von großen polaren Kaltluftausbrüchen, etwa denjenigen, die aus dem Gebiet von Nowaja Semlja kommen. Es war das große Verdienst von FICKER, das Vorrücken solcher „*Kältewellen*" erstmalig auf den Wetterkarten von einem Tag zum anderen verfolgt zu haben. Je nach der vorherrschenden Luftströmung gelangen dann die Kaltluftmassen mehr oder weniger weit nach Süden. Der Hauptschwall kalter Luft geht meist im osteuropäischen Raum bis zum Kaspischen Meer, kann aber ohne weiteres auch noch bis Südpersien verfolgt werden, falls die Kaltluft mächtig genug ist, um die nur niedrigen Gebirgspässe zu überschreiten. Auch Mittel- und Westeuropa werden im Winter öfters von diesen kontinentalen Kaltluftmassen überflutet. Ähnliche Ausbrüche finden auch am amerikanischen Kontinent statt, aber mit einem wichtigen Unterschied. Während nämlich in Asien und Europa die südwärts wandernden Kaltluftmassen vielfach durch west-östlich orientierte Gebirge aufgehalten werden, ist dies in Amerika östlich der Rocky Mountains nicht der Fall. Daher können diese Kaltluftausbrüche häufig bis nach Florida oder Mexiko gelangen und noch in einer Breite von ca. 30° N Frost erzeugen. Diese nordamerikanischen „Cold waves" sind berüchtigt. Es gibt Fälle, bei denen die Temperatur innerhalb eines Tages um 40°C sinkt.

Die Brutstätte für Warmluftmassen wird dagegen in südlichen Breiten zu suchen sein, und hier sind vor allem die Gebiete, die im subtropischen Hochdruckgürtel liegen, bedeutungsvoll. Auch in diesem Fall wird man als maritime Tropikluft eine Luftmasse bezeichnen, die von einem subtropischen Meer in unsere Breiten fließt (häufig aus dem Gebiet der Azoren), während eine kontinentale Tropikluft aus Nordafrika oder dem südlichen Balkan kommt. Neben diesen Hauptluftmassen unterscheidet der Wetterdienst noch eine ganze Reihe von Misch- oder Übergangsformen.

Nicht immer wird es leicht sein, eine konkrete Luftmasse in ein starres Schema einzuordnen, obwohl die Meteorologen eine Reihe von objektiven Methoden entwickelt haben, um diese Aufgabe zu erleichtern. Dabei wird die (vertikale) Temperaturschichtung ebenso berücksichtigt wie der Wasserdampfgehalt oder auch die Durchsichtigkeit. Immer wird aber eine Luftmassencharakterisierung eine geographische und eine thermodynamische Angabe enthalten. Erstere als Hinweis auf das Ursprungsgebiet oder den Weg, den sie eingeschlagen hat, letztere als Kennzeichnung des physikalischen Zustandes, insbesondere im Hinblick auf die Temperaturverhältnisse. Wir wollen hier von einer weiteren Detaillierung der Luftmassenklassifikation absehen, zumal sie bei den Wetterdiensten nicht einheitlich gehandhabt wird.

Jedenfalls ist die horizontale Verfrachtung von Luftmassen verschiedener Herkunft und damit verschiedener Temperatur für die Wetterentwicklung von entscheidender Bedeutung. Diese Vorgänge spielen sich nun überwiegend in den unteren Schichten der Lufthülle in der Troposphäre ab, so daß — wie wir bereits auf Seite 14 betont haben — die höheren Luftschichten (also die Stratosphäre) einen wesentlich geringeren Einfluß auf das Wettergeschehen nehmen. Zu bedenken ist jedoch, daß auch noch in der Stratosphäre ein Wechsel von Kalt- und Warmluft stattfindet, der zwar nicht zu einer Wolkenbildung in diesen Höhen führt, aber gemäß der barometrischen Höhenformel den am Boden gemessenen Luftdruck mitbestimmt. Da die Bewegung der Luftmassen in der Troposphäre von der Luftdruckverteilung abhängt, kann solcherart auch noch ein stratosphärischer Einfluß auf das Wettergeschehen möglich sein. Jedenfalls ist es angezeigt, die atmosphärischen Prozesse nicht in solche der unteren und oberen Schichten einzuteilen und dann — je nach der vorherrschenden Lehrmeinung — einmal den troposphärischen, ein anderes Mal den stratosphärischen Vorgängen eine primäre Rolle zuzuschreiben, sondern die Lufthülle als ein sehr komplexes Ganzes zu betrachten, wobei die vertikale Erstreckung sich von selbst aus der für die Betrachtungen geforderten Genauigkeit ergibt.

## 7. Wellen, Wirbel und Wirbelstürme

So einfach die Forderung, die Atmosphäre als Ganzes zu betrachten, auszusprechen ist, so schwierig ist es, die ungeheure Vielfalt der möglichen Luftdruckverteilungen und die daraus resultierenden Strömungen in ein geordnetes System zu bringen. Hier liegt der eigentliche Schwerpunkt der Erforschung des Wetters. Wir haben gesehen, wie Luftströmungen und Druckgradienten durch die differentielle Erwärmung entstehen, und wie die ablenkenden Kräfte der Erdrotation den unmittelbaren Druckausgleich verhindern und maßgeblich beteiligt sind an der uns vertrauten Form der Luftdruckverteilung mit Hoch- und Tiefdruckgebieten. Wir haben aber auch gelernt, daß schon bei den großräumigen und durch Mittelbildungen weitgehend ausgeglichenen Stromfeldern der Allgemeinzirkulation Schwierigkeiten auftreten, will man eine physikalisch konsistente Theorie aufstellen, die alle Beobachtungen zwanglos erklärt. Um wieviel komplizierter ist aber noch der Einzelfall! Gleicht doch praktisch keine Luftdruckverteilung der anderen. Die Natur führt uns tagtäglich ihre ungeheure Mannigfaltigkeit klar vor Augen.

Das Studium der atmosphärischen Bewegungen, die Betrachtung der Luftdruck- und Stromfelder und deren zeitliche und räumliche Variation lehrt uns jedoch, daß, so vielgestaltig und unübersichtlich auch die Bewegungsformen sein mögen, immer wieder zwei Grundformen auftreten: *Wellen* und *Wirbel*. Das ist an sich nicht überraschend. Wellen sind der Ausdruck einer periodischen Schwingung um einen Grundzustand, ein Pendeln um ein Gleichgewicht, das zwar theoretisch wohldefiniert ist, aber praktisch nicht erreicht wird. Das klassische Beispiel für das Studium der Wellen ist natürlich die Wasseroberfläche. Genauso wie eine anfänglich völlig ruhige Wassermasse durch eine oft nur geringfügige „Störung" in Schwingungen gerät, ist offenbar auch das „Luftmeer" zu Wellenbildungen fähig, was sich in entsprechenden Luftdruckschwankungen zeigt. Und ebenso wie sich im Wasser durch die verschiedensten Ursachen, sei es durch kräftige Wellen oder durch Hindernisse, Wirbel ausbilden, können in der Atmosphäre Verwirbelungen auftreten. Physikalisch gesehen bestehen allerdings gewisse Unterschiede, hauptsächlich deswegen, weil Wasser nicht zusammendrückbar ist, während die Luft ihre Dichte den jeweiligen Druck- und Temperaturverhältnissen anpaßt.

Wenn wir diese Wellenhypothese unseren Betrachtungen zugrunde legen, so tauchen sofort zahlreiche Fragen auf. Zunächst ist klar, daß es theoretisch unendlich viele Wellenarten gibt, je nach Wellenlänge, Amplitude und Phasengeschwindigkeit, daß aber sicherlich nur eine beschränkte Anzahl in direkter Beziehung zu den uns interessierenden Wetterprozessen steht. Weiter sind zumindest drei Wellenarten je nach der Schwingungsebene hervorzuheben. Einmal die großräumigen Wellen in der Horizontalebene (parallel zur Erdoberfläche), wie etwa die im vorangegangenen Kapitel erwähnten wellenförmigen Deformationen der Polarfront, zum zweiten Schwingungen in der Vertikalebene und schließlich Wellen im zeitlichen Verlauf bei einer kontinuierlichen Registrierung an einem Ort.

Die letztgenannten Wellen stehen in enger Beziehung zur räumlichen Luftdruckverteilung; kommt doch die zeitliche Variation an einem festen Bezugspunkt zum größten Teil durch advektive Vorgänge, also den Transport von verschiedenen Luftmassen, zustande. Man kann sogar bis zu einem gewissen Grad die Veränderlichkeit der Luftdruckverteilung von einem Beobachtungstermin zum anderen dadurch beschreiben, daß man eine bestimmte Verlagerungsgeschwindigkeit annimmt, mit welcher die Isobarengebilde sozusagen über die Erdoberfläche hinwegwandern, so daß dann die zeitliche Registrierung an einem Ort ein Abbild der räumlichen Verteilung zum Anfangstermin darstellt. Ganz richtig ist diese Anschauung allerdings nicht, da niemals eine starre Verlagerung der Luftdruckverteilung eintritt, sondern ständig individuelle Änderungen (Verstärkungen oder Abschwächungen, Neubildungen) zu erkennen sind. Es gibt auch eine spezielle Art von Eigenschwingungen der Atmosphäre, die sich in den zeitlichen Registrierungen bemerkbar machen (Tages- und Jahreswellen), die jedoch keinen Einfluß auf die Wettergestaltung ausüben.

Abb. 21. Lentikulariswolken (linsenförmige Föhnwolken, aus WMO-Wolkenatlas)

Wie steht es mit den Wellen in der Vertikalen? Sie treten unter gewissen thermischen und dynamischen Bedingungen auf und zeigen periodische Auf- und Abwinde um ein mehr oder weniger konstantes Niveau. Eine besondere Stellung nehmen hier die sogenannten *Lee-* oder *Föhnwellen* an der Windschattenseite eines Gebirges ein (s. Abb. 31). Diese Wellen sind von den Segelfliegern besonders geschätzt, da sie ihnen zu Flügen bis in große Höhen verhelfen können. Man kann sie vielfach auch am charakteristischen Wolkenbild *(Föhnwolken)* erkennen (Abb. 21). Vom Föhn wird später noch zu sprechen sein. Hier sei vermerkt, daß dieser Wellentyp als Schwerewelle bezeichnet wird, da die Erdanziehung hier den Gleichgewichtszustand, um den die Schwingung ausgeführt wird, kontrolliert. Für die großräumige Wetterentwicklung sind diese Wellen bedeutungslos.

Es verbleiben also die vornehmlich horizontal orientierten Wellen und Wirbel als wetterbestimmende Faktoren ersten Ranges. Natürlich haben wir auch bei dieser Gruppe ein ganzes Wellenspektrum zu berücksichtigen, und es ist in der Tat nicht leicht, hier eine Auswahl zu treffen, um die wetterwirksamen Prozesse zu erfassen. Ein Typ wird uns durch die Isobarengebilde der Wetterkarte vor Augen geführt. Es sind dies sehr großräumige Wirbel und Wellen. Wir haben bereits gelernt, daß zu jedem Druckgebilde eine charakteristische Windverteilung gehört, und man bezeichnet in diesem Sinne auch das Tief als zyklonalen, das Hoch als antizyklonalen Wirbel. Die offenen Wellen sind durch Tiefdrucktröge und Hochdruckkeile meist mit meridional orientierter Trog- bzw. Keilachse gegeben. Wir wollen hier auch gleich die Tatsache festhalten, daß die abgeschlossenen Druckgebilde in den unteren Luftschichten dominieren, somit in der Bodenwetterkarte viel häufiger zu finden sind als in Höhenkarten. Dort sind vorwiegend lange offene Wellen vorhanden.

Der eben geschilderte Wellentyp von einer ganz bestimmten Größenordnung ist keineswegs allein für die charakteristischen Änderungen des Druck- und Stromfeldes und damit letzten Endes für die Wetterentwicklung verantwortlich. Es gibt Wellen und Wirbel, die so klein sind, daß sie in der Luftdruckverteilung einer gewöhnlichen Wetterkarte nicht in Erscheinung treten, aber trotzdem verheerende Wirkungen hervorrufen können. Außerdem wissen die Physiker sehr genau, daß aus anfänglich kleinsten Wellenbildungen, unter ganz bestimmter Voraussetzung, in kürzester Zeit Aufschaukelungen zu großen Wellen möglich sind (sogenannte *Instabilität* von Wellen). Werden also die kleinen Wellen übersehen oder vernachlässigt, so können sehr unliebsame Überraschungen die Folge sein. Um hier zu gültigen Resultaten zu gelangen, muß Theorie und Praxis eng zusammenarbeiten.

Was lehrt uns also die deskriptive, rein empirische Forschung? Wir beginnen mit den relativ kleinen Wirbeln. In diese Gruppe fallen die sogenannten *Wind-* und *Wasserhosen*, vielfach auch „*Tromben*" genannt. Sie werden durch die Luftdruckverteilung der Wetterkarte nicht erfaßt. Das Eigenartige bei diesen Gebilden ist, daß die Wirbelbewegung nicht zuerst an der festen oder flüssigen Erdoberfläche entsteht, sondern in einiger Höhe und von oben nach unten zu an Raum gewinnt. Es ist also offenbar ein gänzlich anderer Mechanismus als derjenige, der zu den großen Tiefdruckgebieten führt. Die anfängliche Wirbelbildung ist oft in einer niedrigen Wolkendecke sichtbar. Ein nach unten sich verlängerndes, zapfenförmiges oder schlauchartiges Wolkengebilde greift auf immer tiefere Schichten über, bis schließlich die Wasser- oder Erdoberfläche erreicht wird. Die Luft wirbelt dann schraubenförmig nach oben, obwohl die Wirbelbildung selbst in der Höhe begonnen hat. Die Luft wird förmlich nach oben gesaugt. In der Längsachse des Wirbels tritt beachtliche Erniedrigung des Luftdruckes ein, doch sind die ganzen Ausmaße des Wirbels sehr klein. Der Durchmesser der Tromben beträgt meist nicht mehr als 100 bis 200 m. Dabei können im schmalen Trombenbereich Windgeschwindigkeiten von 50—100 m pro Sekunde erreicht werden, was zu verheerenden Wirkungen führt. Daß für die Erzeugung dieser Wirbel die Erdrotation keine Rolle spielt, wird dadurch ersichtlich, daß der Drehsinn keineswegs demjenigen der großen Tiefdruckgebiete entsprechen muß. Die Tromben bewegen sich nur langsam und haben bei einer Weglänge von einigen Kilometern in der Regel nur eine Lebensdauer von 10 bis 30 Min. Zum Glück sind sie im allgemeinen selten.

Es gibt eine den Tromben sehr ähnliche Wirbelbildung, die in den USA als *Tornado* bezeichnet wird und vor allem in der wärmeren Jahreshälfte, östlich der Rocky Mountains, häufig auftritt. Obwohl der Wirbeldurchmesser auch nicht viel größer ist als bei den Tromben (bis etwa 1 km), sind sie wegen ihrer großen Zerstörungskraft von den Bewohnern der gefährdeten Gebiete sehr gefürchtet. Sie können im Verlauf von wenigen Minuten Häuser zum Einsturz bringen und Lichtungen in Wälder reißen. Für die meteorologischen Bedingungen, die zur Entwicklung von Tornados führen, hat man einige Anhaltspunkte. Da sie vornehmlich in der wärmeren Jahreszeit auftreten, ist anzunehmen, daß die Überhitzung der unteren Luftschichten und die thermische Instabilität (ebenso wie bei den Tromben) die dominierende Rolle spielen. Sie stehen immer in Verbindung mit starken Gewitterwolken (s. Abb. 22). Das Entstehungsgebiet liegt in der Nähe der Grenzflächen zwischen Warm- und Kaltluftmassen, meistens schon vor der eigentlichen Kaltfront. Daher ist es sehr wahrscheinlich,

Abb. 22. Tornado, aufgenommen von B. Males am 4.5.1961 in der Nähe von Cheyenne, Oklahoma, USA (National Severe Storm Laboratory, USA)

daß das Vorauseilen kälterer Luft in der Höhe, wodurch diese *über* abnorm warme Luft gelangt, eine weitere Ursache für Erzeugung einer stark instabilen Temperaturschichtung ist, die jedenfalls eine notwendige (wenn auch nicht immer hinreichende) Voraussetzung für die Bildung von Tornados darstellt. Im einzelnen ist allerdings die ungeheure Energiekonzentration und die starke Verwirbelung noch ziemlich rätselhaft. Immerhin sind die Tornados nur eine durch örtliche Verhältnisse begünstigte Begleiterscheinung großer wandernder Tiefdruckgebiete und in ihrer Entwicklung an diese gebunden.

Was die Größenordnung, nicht die Entstehung, anlangt, bilden die *tropischen Zyklonen* den Übergang von den Tornados zu den großen Tiefdruckgebieten der mittleren Breiten. Diese tropischen Wirbelstürme haben schon beachtliche Ausmaße und scheinen in der Luftdruckverteilung der Wetterkarten auf. Wenngleich der Durchmesser im allgemeinen nur etwa ein Drittel desjenigen der außertropischen Tiefdruckgebiete beträgt, erreicht er mitunter bereits rund 1000 km. Ihr Auftreten ist, wie schon der Name sagt, auf die Tropenzone beschränkt, und sie zeigen eine Reihe von Besonderheiten, die ihre Sonderstellung gegenüber den anderen Zyklonen durchaus rechtfertigt.

Zunächst ist zu vermerken, daß sie weder mit Regelmäßigkeit noch zu jeder Jahreszeit auftreten. Sie können, wie man weiß, nur über den Ozeanen entstehen, und das erst dann, wenn die Wassertemperatur auf 26—27°C gestiegen ist. Das trifft (auf der Nordhalbkugel) im allgemeinen erst im Sommer und Frühherbst zu. Außerdem findet man sie kaum in einem Gebiet, das innerhalb 5° nördlicher oder südlicher Breite vom Äquator liegt, so daß die ablenkenden Kräfte der Erddrehung bei der Wirbelbildung eine gewisse Rolle spielen müssen.

Es gibt mehrere Regionen, in denen die tropischen Wirbelstürme bevorzugt vorkommen. Eine befindet sich im Nordatlantik, und zwar in der Karibischen See bzw. im Bereich der Westindischen Inseln und des Golfes von Mexiko. Hier werden sie *Hurrikane* genannt. Im Westpazifik sowie im Indischen Ozean, wo man ihnen den Namen *Taifun* gegeben hat, findet man die tropischen Zyklonen auf beiden, im Ostpazifik und im Atlantik nur auf der Nordhemisphäre.

Während bei den außertropischen Tiefdruckgebieten eine Kopplung mit wandernden Hochdruckkeilen (sogenannten *Zwischenhochs*) besteht, gilt dies für die tropischen Zyklonen nicht. Die Energie der Wirbel stammt in erster Linie aus dem Freiwerden latenter Wärme beim Kondensationsprozeß.

Die Tatsache, daß eine starke jahreszeitliche Bindung bei der Entwicklung der tropischen Zyklonen besteht, zeigt uns deutlich den Zusammenhang mit dem Gesamtwärmehaushalt der Erde und der Lufthülle bzw. mit der Allgemeinzirkulation. Auf Seite 45 haben wir bereits die Existenz der intertropischen Konvergenzzone erwähnt und darauf hingewiesen, daß die jahreszeitlichen Verlagerungen derselben nach Nord und Süd für die Entstehung der tropischen Wirbelstürme von Bedeutung sind. In der Tat ist *eine* Voraussetzung für deren Entwicklung, daß die Passatgrundströmung unmittelbar nördlich bzw. südlich der ITC soweit vom Äquator abgedrängt wird, daß sie in Gebiete gelangt, in welchen die Corioliskraft bereits stark genug ist, um in die Wirbelbildung eingreifen zu können.

Nun findet diese Verlagerung auf der Nord- und Südhalbkugel nicht gleichermaßen statt. Am Atlantik und im östlichen Pazifik liegt die Konvergenzzone im Winterhalbjahr so nahe dem Äquator, daß dort keine Hurrikane oder Taifune möglich sind. Anders im Indischen Ozean und im westlichen Pazifik. Hier verlagert sich die ITC (vor allem durch eine überlagerte Monsunzirkulation) viel weiter nach Süden, und dort treten auch auf der Südhalbkugel tropische Zyklonen auf.

Am eingehendsten wurden bisher die Hurrikane untersucht, die übrigens vom Amerikanischen Wetterdienst mit Mädchennamen (in alphabetischer Reihenfolge) gekennzeichnet werden. Die Ergebnisse der Hurrikanforschung sind jedoch weitgehend auf alle tropischen Wirbelstürme übertragbar. Die Hurrikane entstehen im Bereich der östlichen Passatströmung aus kleinen, dieser Strömung überlagerten Wellen *(Easterly-Waves)*, jedoch in einer praktisch gleichmäßig temperierten Luftmasse. Dies stellt einen der Hauptunterschiede zu den außertropischen Tiefdruckgebieten dar. Natürlich schaukelt sich nicht jede kleine Wellenstörung zu einem mächtigen tropischen Wirbelsturm auf, und in der Tat ist noch nicht ganz geklärt, wann es zu der zur Entwicklung notwendigen „Instabilität" kommt. Wahrscheinlich nur durch das Zusammentreffen verschiedener, den Vorgang begünstigender Umstände. Hat die Wirbelbildung eingesetzt, so zeigt das Stromfeld den durch die ablenkenden Kräfte der Erdrotation geforderten (zyklonalen) Drehsinn, genau wie die Tiefdruckgebiete der mittleren Breiten. In den Hurrikanen sind sowohl der Luftdruck als auch die anderen meteorologischen Elemente fast genau zirkular-symmetrisch angeordnet. Der Druck im Zentrum kann 900 mb oder noch weniger betragen, während die auftretenden Windstärken Werte von mehr als 200 km pro Stunde leicht erreichen. Eines der markantesten Merkmale der Hurrikane ist das „*Auge*" des Sturmes im Zentrum des Wirbels. Hier herrscht praktisch Windstille. Bei einem Durchmesser von etwa 20 km ist es dort größtenteils wolkenfrei, während gleichzeitig rund 30 bis 40 km vom Zentrum entfernt die See durch die schwersten Stür-

Abb. 23. Wolkenbild des Hurrikans „Ines". Aufgenommen vom Wettersatelliten ESSA 3 am 7. 10. 1966 um 20.03 Uhr GMT. Das Zentrum lag bei 21,5° N und 90,5° W (National Environmental Satellite Center, Washington, D.C., USA)

me aufgewühlt wird. Bei der zirkularsymmetrischen Anordnung des Druck- und Windfeldes ist es verständlich, daß auch das Wolkenbild eine den Modellvorstellungen entsprechende Spiralstruktur aufweist. Dies kann sowohl am Radarschirm als auch am Satellitenbild eindrucksvoll beobachtet werden (s. Abb. 23). Das

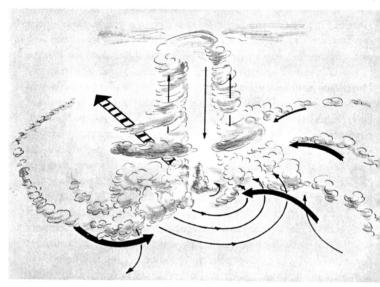

Abb. 24. Schematische Darstellung der Luftströmungen in einer tropischen Zyklone

Zirkulationsschema in einem tropischen Wirbelsturm ist in der Abb. 24 veranschaulicht.

Die Richtung, in welche die Zyklonen wandern, ist durch die Grundströmung gegeben. Daher ziehen sie zunächst mit der Passatströmung von Ost nach West. Bei Annäherung an den Kontinent schwenken sie glücklicherweise in den weitaus meisten Fällen auf der nördlichen Halbkugel nach rechts, auf der südlichen nach links und gelangen in den Westwindgürtel, mit dem sie dann wieder ostwärts wandern, wobei sie stark an Intensität einbüßen. Trotzdem können sie mitunter noch in mittleren Breiten als „transformierte" Tiefdruckgebiete in Erscheinung treten.

Tropische Wirbelstürme können längere Zeit nur über dem Meer existieren. Treten sie auf das Festland über, so sterben sie rasch ab, doch reicht die Lebensdauer meistens noch aus, um die größten Verwüstungen anzurichten. Häufig werden die Zerstörungen am Festland nicht so sehr durch den Orkan selbst als durch die Aufstauung der Wassermassen bewirkt. Es gibt Fälle, bei denen eine solche Sturmflut eine Höhe von 10—15 m erreicht hat. Obwohl sie verhältnismäßig selten auf das Festland übertreten, ist ihre zerstörende Wirkung so groß, daß sich jeder Aufwand lohnt, um zu einer einigermaßen sicheren Vorhersage der Zugbahn zu gelangen. Bei den Hurrikanen werden daher die modernsten Hilfsmittel, wie Radar, Wettersatelliten und direkte Flugerkundung, eingesetzt, um für die gefährdeten Gebiete, aber auch für die Schiffahrt rechtzeitig Warnungen herausgeben zu können. Es wurden auch schon theoretische Modelle entworfen, die eine Art „mathematische" Lösung des Problems darstellen und es gestatten, mittels moderner elektronischer Rechenmaschinen aus gegebenen Anfangsbeobachtungen die weitere Entwicklung vorauszuberechnen. Allerdings bestehen hier noch immer große Schwierigkeiten, zumal manche Details nach wie vor ziemlich rätselhaft sind. Wir können hier auf diese rein theoretischen Fragen nicht näher eingehen.

Wir haben schon früher die Möglichkeit der künstlichen Beeinflussung der Niederschlagsbildung in einer Wolke durch Aussäen von Silberjodidkristallen kennengelernt. Man hat nun versucht, durch diesen Prozeß die dynamische Struktur eines Hurrikans zu verändern. Zu diesem Zweck wurde in den USA ein eigenes Projekt *(Project Stormfury)* ins Leben gerufen. Das Impfen der Wolken des Wirbelsturmes geschieht von einem Flugzeug aus, und zwar mittels eines Silberjodidgenerators, der wie eine Bombe in die Wolken abgeworfen wird. Die starken, das Zentrum des Hurrikans umkreisenden Winde bewirken, daß innerhalb von 1—2 Std. bereits das Silberjodid einen vollständigen Umlauf auf einer Kreisbahn vollführt, so daß praktisch der ganze Wolkenring gleichmäßig bestreut werden kann. Erstes Versuchsobjekt war der Sturm „Beulah" im Jahre 1963. Man hoffte, daß durch das plötzliche Freiwerden latenter Wärme beim Übergang von der Wasser- zu einer Eiswolke eine Reduktion der Windgeschwindigkeiten eintreten würde. Tatsächlich zeigten die Beobachtungen am Radarschirm und direkte Messungen eine Verminderung der Windstärke. Es ist trotzdem schwer zu sagen, ob das Experiment erfolgreich war oder nicht, da man kaum voraussagen konnte, was der Hurrikan ohne künstliche Beeinflussung getan hätte. Dazu kommt aber noch ein wesentliches Argument. Wir haben früher betont, daß die Energie der tropischen Wirbelstürme zum größten Teil aus dem Vorrat an latenter Wärme stammt. Man hätte also auch Berechtigung gehabt, zu behaupten, daß durch die künstliche Beeinflussung gerade das Gegenteil des gewünschten Effektes erzielt wird, nämlich eine Intensivierung des Sturmes.

Inzwischen sind weitere Experimente an den Stürmen „Debbie" 1969 und „Ginger" 1971 durchgeführt worden. Es konnten jedoch dabei keine signifikanten Änderungen im Hinblick auf Windstärke, Zugbahn und Niederschlag verzeichnet werden.

## 8. Die Tiefdruckgebiete und die planetarischen Wellen in den mittleren Breiten

Wir kommen nunmehr zur Besprechung der großräumigen Wellen- und Wirbelbildungen in den mittleren Breiten. Wir werden sehen, daß die Bildung der außertropischen Tiefdruckgebiete auf gänzlich andere Weise erfolgt als diejenige der tropischen Wirbelstürme, und doch besteht eine gewisse Verwandtschaft. Dies wird am eindrucksvollsten durch Vergleich zweier Satellitenbilder gezeigt (Abb. 16 u. 23) In beiden Fällen haben wir die spiralförmige Wolkenstruktur, die typisch für die zyklonale Wirbelbildung ist. Doch bestehen bei genauerer Betrachtung erhebliche Unterschiede. Die Ausdehnung der Zyklonen mittlerer Breiten ist mindestens dreimal so groß wie diejenige der tropischen Wirbelstürme. Ihnen fehlt auch das Auge des Sturmes, sie vereinigen in ihrem Bereich mindestens zwei recht verschieden geartete Luftmassen, und sie haben keine jahreszeitliche Bindung bei der Entstehung, sondern treten praktisch in allen Jahreszeiten auf, wenngleich sie sich im Frühjahr und Herbst im Durchschnitt intensiver entwickeln.

Da heute jeder Kulturstaat einen Wetterdienst unterhält, und jeder Wetterdienst mindestens einmal täglich eine Wetterkarte veröffentlicht, ist wohl jedermann mit dem Isobarenbild, also mit der Luftdruckverteilung über einem größeren Gebiet, vertraut. So groß die Vielfalt der Isobarenformen ist, immer finden wir darunter eine Reihe von Tiefdruckgebieten, die durch geschlossene elliptische Isobaren gekennzeichnet sind, und bei denen die Windverteilung den uns schon bekannten zyklonalen Drehsinn aufweist. Mit diesen Zyklonen, ihrer Entstehung und Verlagerung wollen wir uns nun befassen.

Da in den mittleren Breiten ständig ein mehr oder weniger starker meridionaler Temperaturgradient vorhanden ist, und bei der Zyklone auf der Vorderseite (Ostseite) südliche, auf der Rückseite (Westseite) nördliche Winde wehen, so wird verständlich, daß dem Wirbel laufend Luftmassen sehr verschiedener Temperatur zugeführt werden. Es müssen also im Tiefdruckgebiet Fronten auftreten mit jenen Wettererscheinungen, die an den Grenzflächen zweier verschiedener Luftmassen zu erwarten sind. Tatsächlich lehrt die Erfahrung, daß in einer ausgebildeten, aber noch entwicklungsfähigen Zyklone mindestens zwei solcher Fronten vorhanden sind, die zwischen sich den sogenannten *Warmsektor* der Zyklone" einschließen (Abb. 25). Es handelt sich hierbei um einen Sektor des Tiefdruckgebietes, der warme Luft enthält. An der Vorderseite dieser Luftmasse bildet sich daher eine Warmfront, an der Rückseite eine Kaltfront aus.

Früher haben wir bereits betont, daß durch das spiralige Einströmen der Luft in das Tief eine Aufwärtsbewegung und damit eine Wolkenbildung vorhanden sein muß. Jetzt zeigt sich, daß die

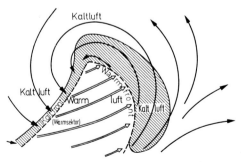

Abb. 25. Schematische Darstellung des Warmsektors einer Zyklone

Aufwärtsbewegung vornehmlich an den beiden Fronten stattfindet, wobei das Wolkenbild dem im Kapitel 6 geschilderten entspricht. Auch die mit den Fronten verbundenen Niederschläge zeigen jetzt eine Beziehung zum Tiefdruckgebiet.

Das einfache Schema wird kaum durch die Tatsache berührt, daß statt einer einzigen Kaltfront oft mehrere, hintereinander gestaffelte Kaltfronten vorhanden sind, und daß auch statt einer Warmfront häufig mehrere gefunden werden können.

Viel wichtiger für das Zyklonenschema sind die Verhältnisse in der Höhe, d. h. die Art, in welcher sich das Tiefdruckgebiet der Bodenkarte auch noch als zyklonaler Wirbel in größerer Höhe bemerkbar macht. Im „Jugendstadium" erscheint das Tiefdruckgebiet meist nur in den unteren Luftschichten, wird aber im Laufe seiner Entwicklung nach oben anwachsen und durchsetzt im „Endstadium" mitunter die ganze Troposphäre. Es kann allerdings auch der Fall eintreten, daß sich in der Höhe (etwa in der mittleren Troposphäre), vollständig unabhängig von den Verhältnissen in Bodennähe, ein zyklonaler Wirbel bildet, wie wir später noch sehen werden.

Da die Tiefdruckgebiete als Träger wichtiger Wettererscheinungen für die Wettervorhersage eine große Rolle spielen, ist und war für den Meteorologen die Vorausbestimmung der Entstehung der individuellen Entwicklung oder Abschwächung sowie die Vorhersage der Zugbahn dieser Druckgebilde immer von entscheidender Bedeutung.

Durch langjährige Erfahrung wurden diesbezüglich empirische Regeln gewonnen, die auch heute bei der Wettervorhersage nicht wegzudenken sind, trotz der inzwischen entwickelten „mathematischen" Wetterprognose, von der noch im 11. Kapitel die Rede sein wird. Beispielsweise ist die Tatsache hervorzuheben, daß die Zyklonen nicht regellos wandern, sondern in der Mehrzahl der Fälle eine west-östlich gerichtete Zugbahn einschlagen, obwohl es auch mitunter Fälle von „Rückläufigkeit" gibt. Solange die Bodenzyklone nur die unteren Luftschichten umfaßt, folgt sie auch ziemlich genau der Höhenströmung, worunter im allgemeinen die Strömung in rund 5000 m Höhe verstanden wird. Wesentlich ist aber die weitere Tatsache, daß die Zyklonen ständig Änderungen unterworfen sind, die viel schwieriger zu erfassen sind als die allgemeine Zugrichtung. Hier hilft bis zu einem gewissen Grad die (von den Wetterstationen beobachtete und dem Wetterdienst übermittelte) Barometertendenz. Natürlich sagt diese Tendenz nur etwas über den bereits vergangenen Zeitraum aus, und bei einer Extrapolation in die Zukunft ist äußerste Vorsicht am Platz; doch ist es möglich (zumindest qualitativ), sehr wichtige Hinweise für die Entwicklung oder Abschwächung der Tiefdruckgebiete zu erhalten. Mit der Auffüllung oder Vertiefung einer Zyklone hängt nämlich nicht nur das Wetterbild selbst zusammen, sondern auch das weitere Schicksal des Wirbels. Junge, durch einen großen Warmsektor gekennzeichnete Tiefdruckgebiete wandern rascher als absterbende, bei denen der Warmsektor immer kleiner wird. Tritt Okklusion ein, d. h. wird die Warmfront von der Kaltfront eingeholt, so daß die Temperaturgegensätze innerhalb der Zyklone weitgehend verschwinden, so wird sie meistens stationär und füllt sich auf.

Wir wollen uns aber nunmehr etwas eingehender mit dem rein theoretisch-physikalischen Problem der Zyklonenentstehung befassen. Nur wenn wir den physikalischen Vorgang, der zur Wellen- und Wirbelbildung führt, durchschauen, können wir die berechtigte Hoffnung haben, auch das weitere Schicksal der einmal entstandenen Druckgebilde verstehen zu lernen. Mehrere Fragen tauchen in diesem Zusammenhang auf und müssen in einer Theorie, die Anerkennung finden will, beantwortet werden.

Wir haben bereits im vorangegangenen Kapitel die Bildung von Wellen als Schwingungen um einen Grundzustand beschrieben und die Zyklonenentstehung in Verbindung mit instabilen, also sich rasch aufschaukelnden Wellen gebracht. Die erste Frage lautet daher: Um welchen „Grundzustand" handelt es sich? Da die Wellen horizontal orientiert sind, scheidet die Schwerkraft als kontrollierende Kraft für den Grundzustand aus. Es verbleiben die Trägheitskräfte der Erddrehung, die von uns schon früher eingehend diskutierten Corioliskräfte, als dominierende Ursache für die Herstellung eines Gleichgewichtszustandes. Natürlich gibt es eine ungeheure Mannigfaltigkeit von möglichen Formen des Gleichgewichtes zwischen Druckkräften und ablenkenden Kräften der Erdrotation. Auch bereits ausgebildete Wellen oder Wirbel können diese Bedingung erfüllen (verlangt wird praktisch nur, daß der Wind entlang der Isobaren weht), so daß eine weitere Spezifizierung erforderlich ist.

Die zweite Frage, die einer Beantwortung harrt, lautet: Woher stammt die Energie für den Entwicklungsprozeß? Daß diese letzten Endes von der Sonne kommt, wissen wir schon. Wir wollen aber hier das Problem nicht so allgemein fassen, sondern festhalten, daß sich die von der Sonne zugestrahlte Energie in einem horizontalen Temperaturgefälle (im Mittel vom Äquator zu den Polen gerichtet) und daraus folgend in der kinetischen Energie der Windströmungen und in Form innerer Energie der vertikalen Luftsäule, erkenntlich an dem vertikalen Temperaturgradienten, manifestiert. Die latente Wärme, die dem Wasserdampf der Atmosphäre zu verdanken ist, muß selbstverständlich ebenfalls berücksichtigt werden.

Dadurch ist unser Programm aber bereits festgelegt. Der Grundzustand, den wir suchen, ist ein Gleichgewichtszustand, bei dem die Druckkräfte durch die ablenkenden Kräfte der Erdrotation ausbalanciert sind. Er besitzt sowohl durch seine kinetische als auch durch seine potentielle Energie[1] ein Reservoir, aus dem Energie zu der als kleine Wellenstörung beginnenden Zyklone fließen kann.

Wir müssen noch erklären, was wir unter Instabilität verstehen. Befindet sich ein Luftteilchen im Gleichgewichtszustand und erhält es durch irgendeinen äußeren Anlaß einen Impuls in einer beliebigen Richtung, so wird der nun gestörte Zustand solange stabil genannt, solange das Teilchen wieder in seine Ruhelage zurückkehrt bzw. um diese Ruhelage eine Wellenbewegung ausübt. Entfernt es sich jedoch von seiner ursprünglichen Lage, so spricht man von einer Instabilität, gleichbedeutend mit einer Aufschaukelung der Wellenbewegung.

Die erste Zyklonentheorie, die den eben geschilderten Vorgängen gerecht wurde, war die heute bereits klassisch zu nennende *Polarfronttheorie* von V. BJERKNES. Danach entstehen die Tiefdruckgebiete der mittleren Breiten an der Polarfront, also an der Grenzfläche zwischen polarer Kaltluft und gemäßigter oder subtropischer Warmluft. Der Grundzustand ist dann (im einfachsten

---

[1] Diese ist eng mit der inneren Energie verknüpft. Siehe S. 36.

Fall) durch eine zonale Strömung gegeben, und zwar eine Ost-West-Strömung im Bereich der Kaltluft, eine west-östlich gerichtete Luftbewegung in der Warmluft (Abb. 26a). Man kann nun zeigen, daß dieser Windsprung an der Polarfront für die Instabilität eine entscheidende Rolle spielt. Dabei müssen die Verhältnisse gar nicht so kraß liegen wie in der Abb. 26a (Umkehr

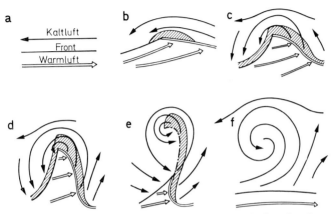

Abb. 26. Der Lebenslauf einer Zyklone nach der Polarfronttheorie nach J. BJERKNES und SOLBERG

der Windrichtung um 180°), sondern es genügt eine bestimmte Abnahme der Windgeschwindigkeit ohne Richtungswechsel beim Überqueren der Front vom warmen zum kalten Bereich. Der Fachausdruck für eine Windabnahme lautet „*Windscherung*". Man unterscheidet im übrigen zwischen zyklonaler Scherung (Windabnahme links von einem mit der Strömungsrichtung mitschwimmenden Beobachter) und antizyklonaler Scherung (Windabnahme rechts davon)[1]. In unserem Fall haben wir eine zyklonale Scherung, und eine überlagerte Wellenstörung muß zu einem zyklonalen Wirbel, also einem Tiefdruckgebiet, führen. Eine Verwirbelung aus einem antizyklonal scherenden Grundzustand müßte dagegen einen antizyklonalen Wirbel, also ein Hochdruck-

---

[1] Dies entspricht den Verhältnissen auf der Nordhalbkugel.

gebiet, verursachen. Doch ist dieser Prozeß in der Natur nur selten zu finden (s. Kapitel 9).

Der große Erfolg der Polarfronttheorie lag in dem von V. Bjerknes und seinen Mitarbeitern erbrachten Beweis, daß bei den in der Natur vorkommenden Temperatur- und Dichteunterschieden zwischen Kalt- und Warmluftmassen und bestimmten (möglichen) Windscherungen eine Instabilität bei Wellenlängen von 500—1500 km zu erwarten ist, was gut mit der (beobachteten) Größenordnung der außertropischen Tiefdruckgebiete übereinstimmt. Die Abb. 26 zeigt schematisch die Entwicklung der Zyklone nach der Polarfronttheorie. Aus dem Grundstrom (*a*) entsteht über eine wellenförmige Deformation (*b*) die eigentliche Zyklone (*c*), mit der aus den Beobachtungen bekannten asymmetrischen Temperaturverteilung und dem ausgeprägten Warmluftsektor (vgl. Abb. 25). Ist der Höhepunkt der Entwicklung überschritten, wird der Warmluftsektor eingeengt. Die Kaltluft holt die Warmluft ein, und die nächsten Stadien führen zum Okklusionsprozeß (*e*). Dabei kann am südlichen Ende der Okklusionsfront noch ein Sekundärtief entstehen. Im Endzustand (*f*) ist vollkommene Verwirbelung eingetreten, und das Feld formiert sich allmählich wieder zu einem west-östlich gerichteten Grundstrom.

Die Polarfronttheorie feierte in den Jahren zwischen dem ersten und zweiten Weltkrieg Triumphe, zeigte sich doch hier nicht nur eine zwanglose Erklärung für die empirisch gefundenen Besonderheiten der Tiefdruckgebiete, die Theorie konnte auch erstmalig dem Praktiker der Wettervorhersage unschätzbare und physikalisch-theoretisch wohlfundierte Schützenhilfe leisten. Vor allem die Behauptung, daß die Tiefdruckgebiete nicht nur an der Polarfront entstehen, sondern auch in ihrem weiteren Schicksal an diese gebunden sein sollten, ermöglichte es, durch eingehende Luftdruck- und Luftmassenanalyse sowohl die Brutstätten neuer zyklogonetischer Prozesse zu entdecken als auch die Zyklonenbahnen entlang der Polarfront zu verfolgen. Auch der Okklusionsprozeß wurde vom Standpunkt der Polarfronttheorie aus verständlich gemacht, und ebenso die Ausbildung ganzer Zyklonenfamilien, wie sie häufig auf den Wetterkarten beobachtet werden. Schließlich wurde auch die Entstehung der sogenannten Sekundärtiefs im Skagerrak oder südlich der Alpen (Genuazyklone) mit einer orographisch bedingten Deformation der Polarfront in Verbindung gebracht (s. Seite 125). Dies ist verständlich, wenn man bedenkt, daß die Gebirge die (niedrigen) Kaltluftmassen aufhalten und so die Frontalzone modifizieren.

Trotz der sehr interessanten Folgerungen aus der Polarfronttheorie wollen wir hier auf weitere Einzelheiten verzichten. Sie sind auch wohl in erster Linie für den im praktischen Wetterdienst stehenden Meteorologen von Bedeutung. Für uns ist es wesentlicher, daß sich bei der Polarfronttheorie eine Reihe von Mängel herausstellten, die gravierend genug waren, um nach einer neuen Theorie Ausschau zu halten. Im wesentlichen waren es zwei Blickwinkel, von denen aus die Kritik einsetzte. Einmal wurde darauf hingewiesen, daß die Vorgänge in den höheren troposphärischen Schichten in der Polarfronttheorie unberücksichtigt bleiben, obwohl vor allem durch die grundlegenden Untersuchungen von FICKER die prinzipielle Beteiligung der Höhe an den Prozessen, die mit der Bildung und Verlagerung der Tiefdruckgebiete zusammenhängen, klar aufgezeigt werden konnte. Der zweite sehr wesentliche Einwand gegen die Polarfronttheorie kam von theoretischer Seite. Schon 1903 hatte MARGULES in seiner berühmten Abhandlung über die Energie der Stürme nachgewiesen, daß die Energie der Zyklonen nur aus dem Reservoir an potentieller Energie der Luftmassen stammen kann. Das horizontale Druckgefälle sei nur „die Übersetzung im Getriebe der Stürme". Nun wird aber nach der Polarfronttheorie die Energie für die Zyklogonese aus der kinetischen Energie der Grundströmung geschöpft, was nach MARGULES unzureichend ist.

Inzwischen kamen auch eine Reihe von neuen Beobachtungsergebnissen aus der mittleren und oberen Troposphäre zur Kenntnis der Meteorologen, die ihr Interesse von der reinen Polarfronttheorie ablenkten. Zunächst schien es so, als sollte das weitere Schicksal einer einmal ausgebildeten Zyklone nicht so sehr von der Lage der Polarfront an der Erdoberfläche abhängen als vielmehr von den Strömungsverhältnissen in der Höhe (vornehmlich in 5000 m). Man kam auf diese Weise zu dem auch heute noch vielfach verwendeten Begriff der *Steuerung* der niedrigen Druckwellen durch die Vorgänge in der Höhe, wobei eine Zeitlang ein

Streit entbrannte, welches Niveau für die Steuerung heranzuziehen sei. Manche Meteorologen glaubten sogar die Stratosphäre dafür verantwortlich machen zu müssen. Immerhin war diese Entdeckung von hoher prognostischer Bedeutung. Die Höhenströmung gab dem Meteorologen wertvolle Hinweise auf die zu erwartende Verlagerungsrichtung der Bodentiefs. Dies geht allerdings nur solange gut, solange diese Stromfelder nicht selbst starke Veränderlichkeit zeigen, was nicht einmal so selten vorkommt. Eine Prognose der Höhenströmung wurde daher wichtig.

Für die Forschung ergaben sich daher zwei Schwerpunkte: Einmal die Aufstellung einer neuen Zyklonentheorie, die der Umwandlung von potentieller in kinetische Energie gerecht wird, zum anderen theoretische Untersuchungen über die Entstehung und Verlagerung der großräumigen Wellen in der mittleren und hohen Troposphäre, da diese als Steuerungszentren der niedrigen Druckwellen fungieren.

Man wird vielleicht glauben, daß eine gesonderte Betrachtung nicht erforderlich sei, da letztlich dieselben physikalischen Gesetze zur Erklärung aller in Frage stehenden Prozesse herangezogen werden müssen, somit *eine* Theorie genügen müßte. Grundsätzlich ist dieser Einwand berechtigt. Doch ist der ganze Vorgang der Wellen- und Wirbelbildung so komplex, daß zum besseren Verständnis eine Unterteilung nach bestimmten Gesichtspunkten zweckmäßig erscheint.

Bleiben wir zunächst bei der neuen Zyklonentheorie. Wie gelingt es hier, auch die Beteiligung der höheren Luftschichten und damit den Umwandlungsprozeß von potentieller in kinetische Energie einzubauen? Man geht von einem zonalen Grundstrom aus, ähnlich demjenigen bei der Polarfronttheorie. Quer dazu haben wir ein horizontales Temperaturgefälle anzunehmen, wenngleich jetzt nicht mehr eine „Sprungstelle" von Temperatur und Wind an der Grenzfläche der verschiedenen Luftmassen erforderlich ist. Wichtig ist aber jetzt, daß die Windstärke mit der Höhe zunimmt, d.h. eine *vertikale* Windscherung vorhanden ist. Nun wissen wir, daß dies tatsächlich die Regel darstellt, und daß diese Windscherung in eindeutiger Beziehung zu dem vorhandenen

Temperaturgefälle steht[1]. Die Theoretiker konnten zeigen, daß in einem solchen Modell Wellen, die dem Grundstrom überlagert sind, tatsächlich instabil werden können. Das Resultat dieser Untersuchungen veranschaulicht die Abb. 27. Wir sehen einen stabilen und einen instabilen Wellenbereich, abgegrenzt durch eine parabelförmige Kurve. Überschreitet die Windzunahme mit der Höhe als Folge eines anwachsenden Temperaturgefälles den in der Abb. 27 eingezeicheten kritischen Wert, so tritt bei einer ganz bestimmten, sogenannten dominanten Wellenlänge Amplitudenvergrößerung ein, die den ersten Schritt zu einer Zyklonenentstehung, also einer Wirbelbildung, darstellt. Nimmt die Windscherung weiter zu, so dehnt sich der Bereich der Wellenlängen, die instabil werden können, nach beiden Seiten weiter aus.

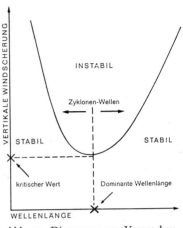

Abb. 27. Diagramm zur Veranschaulichung des Instabilitätsbereiches von Zyklonenwellen

Wesentlich ist, daß sowohl die kurzen als auch die sehr langen Wellen bei diesem Prozeß stabil bleiben. Die Theorie kann daher zwar für die Bildung der Zyklonen mittlerer Breiten herangezogen werden, versagt aber bei den kleineren Wirbeln der Tornados und tropischen Zyklonen[2] und auch

---

[1] Schon aus der barometrischen Höhenformel folgt, daß sich in verschieden temperierten, nebeneinanderliegenden Luftmassen die Druckgegensätze in der Höhe verschärfen müssen, da die Abnahme des Luftdrucks in der wärmeren Schicht geringer ist als in der kälteren.

[2] Wir haben bereits im vorangegangenen Abschnitt erwähnt, daß die tropischen Zyklonen und die Tornados wahrscheinlich in erster Linie ihre Energie aus dem Vorrat an latenter Wärme beziehen. Daher muß auch eine Theorie, die diesem Umstand Rechnung trägt, anders formuliert und durchgeführt werden. Es gibt derzeit schon mehrere Ansätze solcher Theorien, doch können eigentlich alle nicht recht befriedigen. Ein näheres Eingehen auf die diesbezüglichen interessanten, aber noch nicht abgeschlossenen Untersuchungen würde den Rahmen dieses Buches sprengen.

bei den langen Wellen in der freien Atmosphäre. Die neue Theorie weist gegenüber der Polarfronttheorie erhebliche Vorteile auf und wird — wie man mathematisch einwandfrei zeigen kann — beim Aufschaukelungsprozeß der Forderung nach Umwandlung von potentieller in kinetische Energie vollauf gerecht. Daher erfreut sich diese Theorie der Anerkennung durch die meisten Meteorologen, und es wird ihr der Vorrang gegenüber der Polarfronttheorie eingeräumt[1].

Ein Einwand gegen jedwede auf Instabilitätsbetrachtungen gegründete Zyklonentheorie könnte jedoch der sein, daß Wellen, die einmal instabil geworden sind, sich immer weiter aufschaukeln, so daß die Amplitude auf jeden Fall solange anwächst, bis das Grundfeld völlig zusammenbricht. Doch sind dem Prozeß der „Aufschaukelung" Grenzen gesetzt. Wir können dies am Schema der Abb. 26, die natürlich im wesentlichen auch für die neue Zyklonentheorie nach Einleitung der Instabilität Gültigkeit hat, erkennen. Durch die Amplitudenvergrößerung wird an der Rückseite des entstehenden Tiefdrucktroges Kaltluft nach Süden, auf der Vorderseite Warmluft nach Norden verfrachtet, was zu einer Verminderung des Temperaturgefälles führt. Dadurch nimmt aber sofort die vertikale Windscherung ab und sinkt unter den kritischen Wert, wodurch die Möglichkeit einer weiteren Zunahme der Amplitude unterbunden wird. Durch dieses Verhalten wird deutlich, daß bei der Zyklonenentstehung nicht unbeschränkte Energiemengen zur Verfügung stehen. Dies stimmt auch mit dem Hinweis auf S. 35 überein, daß immer nur ein gewisser Anteil der potentiellen Energie für Umwandlungsprozesse zur Verfügung steht.

Wir wollen uns nunmehr mit den Verhältnissen in der freien Atmosphäre näher beschäftigen. Darunter verstehen wir die großräumigen Stromfelder in der mittleren und oberen Troposphäre, also zwischen rund 5000 und 10000 m Höhe. Konnten wir durch die eben besprochenen Zyklonentheorien wichtige und physikalisch begründete Erklärungen für die im Bodendruckfeld dominierenden Tiefdruckgebiete erhalten, so geht es jetzt darum, die

---

[1] Die bevorzugte Entstehung der Zyklonen an der Polarfront selbst wird dadurch nicht in Frage gestellt; nur die auslösende Ursache für die Instabilität ist eine andere.

wellenartigen Druckgebilde (Tiefdrucktröge und Hochdruckkeile), die offenbar den Charakter stabiler Wellen mit ganz bestimmter Phasen-(Verlagerungs-)geschwindigkeit aufweisen, und die vor allem in der freien Atmosphäre auftreten, zu untersuchen.

Die Beobachtungen zeigen sehr eindrucksvoll, daß hier die Ausbildung langer planetarischer, d.h. die ganze Hemisphäre überdeckender Wellen mit weit nach Süden und Norden ausgreifenden Trögen und Keilen die Regel darstellt, während abgeschlossene Wirbel (Tief- und Hochdruckgebiete) zwar vorkommen, aber weniger häufig als im Bodendruckfeld. Die Anzahl der Wellenberge und Wellentäler, die auf der ganzen Halbkugel zu finden sind, liegt meistens zwischen 3 und 7, die Wellenlänge beträgt daher mehrere tausend Kilometer. Die Abb. 28 zeigt schematisiert

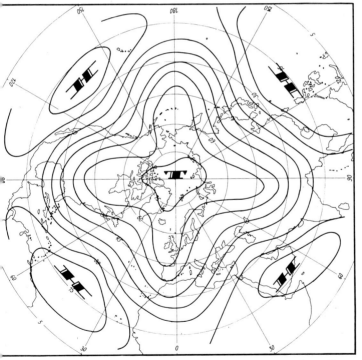

Abb. 28. Schematische Darstellung von planetarischen Wellen mit der Wellenzahl 4 in der freien Atmosphäre

vier solche planetarische Wellen, wie sie häufig auf hemisphärischen Wetterkarten der freien Atmosphäre zu erkennen sind.

Es war das große Verdienst von Rossby, als erster bewiesen zu haben, daß diese langen Wellen auch in einer völlig gleich temperierten Luftmasse entstehen und sich verlagern können, und daß ihre Verlagerungsgeschwindigkeit lediglich von den ablenkenden Kräften der Erdrotation kontrolliert wird. Es handelt sich also offenbar wirklich um einen gänzlich anderen Wellentyp als die vorhin besprochenen Zyklonenwellen. Dort war das horizontale Temperaturgefälle eine unerläßliche Voraussetzung.

Es gibt mithin ein ganzes Spektrum meteorologisch interessanter Wellen, die sich vor allem dadurch unterscheiden, daß verschiedene Kraftwirkungen an ihrer Entstehung beteiligt sind. Während bei den kleinen Wirbeln, z.B. den Tornados, die ablenkenden Kräfte der Erddrehung keine Rolle spielen, sind sie bei den tropischen Zyklonen bereits erforderlich, aber für die Entwicklung noch nicht dominierend. Die langen planetarischen Wellen am anderen Ende des Spektrums werden bereits ausschließlich durch Trägheitskräfte der Erdrotation beherrscht.

Solange die planetarischen Wellen stabil sind, steht ihre Verlagerungsgeschwindigkeit in einfacher Beziehung zur Größe des Grundstroms, der Wellenlänge und einem Parameter der Erdrotation[1]. Dies ist deswegen so bedeutungsvoll, weil hier erstmalig dem im Prognosendienst stehenden Meteorologen eine auf theoretischen Überlegungen beruhende Methode gegeben wurde, um die für die „*Großwetterlage*" so wichtige Position der langen Wellen vorherzusagen.

In die Zeit, zu der Rossby gerade seine ersten theoretischen Untersuchungen über Ausbildung der planetarischen Wellen anstellte, fällt eine geradezu sentationelle Entdeckung der beobachtenden Meteorologie. Es handelt sich um die Starkwindbänder *(Jet-Streams)* in den obersten Schichten der Troposphäre. Als im Jahre 1940 amerikanische Bomberflugzeuge den Pazifik über-

---

[1] Ist $c$ die Phasengeschwindigkeit, $U$ der Grundstrom und $L$ die Wellenlänge, so gilt nach Rossby
$$c = U - \frac{\beta}{4\pi^2} L^2,$$
wobei $\beta$ ein von der Erdrotation und der geographischen Breite abhängiger Parameter ist (sogenannter „Rossby-Parameter").

querten, kamen sie erstmalig in den Bereich solcher Starkwindbänder und mußten zu ihrer Überraschung einen Gegenwind feststellen, der so stark war, daß sie praktisch nicht vorwärts kamen. Die Meteorologen, die diesen Bericht hörten, glaubten zuerst an Navigationsfehler; doch sehr bald erkannten sie, daß hier tatsächlich eine grundlegend neue Entdeckung gemacht worden war. Zahlreiche Untersuchungen folgten. Wir wollen hier nur die wichtigsten Ergebnisse festhalten.

Erhebliche Windgeschwindigkeiten in der Höhe hatte man schon früher mittels Radiosondenmessungen festgestellt. Das Besondere an den jetzt entdeckten Starkwindbändern war die stark gebündelte, schlauchartige Struktur dieser Strahlströmungen. Bei horizontaler Ausdehnung von nur einigen hundert Kilometern treten innerhalb dieser Windschläuche Geschwindigkeiten von 300 km/h und mehr auf. Wesentlich ist, daß durch die schlauchförmige Struktur der Strahlstrom sowohl eine markante vertikale als auch horizontale Windscherung aufweist. In der Abb. 29 sind die horizontalen Strömungsverhältnisse eines Jet-Streams wiedergegeben. Wir erkennen sowohl eine zyklonale Scherung (an der Nordseite) als auch eine antizyklonale (an der Südseite) des hier als Westwind eingezeichneten Strahlstromes. Mitunter tritt der

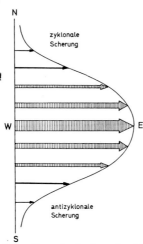

Abb. 29. Schematische Darstellung der horizontalen Windscherung im Strahlstrom (Jet-Stream)

Fall ein, daß ein Strahlstrom direkt an einem markanten Wolkenbild (Zirrusstreifen) erkennbar wird. Die Abb. 30 zeigt eine derartige Aufnahme von einem bemannten Satelliten aus.

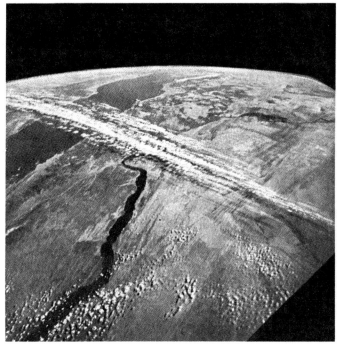

Abb. 30. Zirruswolken in Verbindung mit dem Subtropenjet. Aufgenommen während des Gemini-12-Fluges am 14. 11. 1966. Die Abbildung zeigt Ägypten mit dem Nildelta, das Rote Meer und die Arabische Halbinsel mit Blickrichtung nach Südost (Goddard Space Flight Center Greenbelt, Maryland, USA)

Uns interessiert vor allem die Frage, in welcher Weise die Jet-Streams mit den bodennahen zyklogenetischen Prozessen einerseits und den eben erwähnten langen planetarischen Wellen andererseits zusammenhängen. Man hatte bald herausgefunden, daß es im Bereich der mittleren Breiten zwei verschiedene Arten von Strahlströmen gibt, einmal den *Polarjet*, der oberhalb der Polarfront zu finden ist, zum anderen den *Subtropenjet* über dem subtropischen Hochdruckgürtel. Während der polare Strahlstrom eine häufige Erscheinung auf den Wetterkarten darstellt, aber bei Betrachtung zeitlich gemittelter Felder kaum in Erscheinung tritt, ist der Subtropenjet ein Phänomen, das vielleicht besonders deutlich erst bei Betrachtung mittlerer Zirkulationsformen hervortritt und vor allem den Anschein eines die ganze Halbkugel umspannenden Windbandes erweckt (Abb. 9).

Die theoretische Erklärung der Starkwindbänder bereitet einige Schwierigkeiten. Wahrscheinlich spielen dabei mehrere Prozesse eine Rolle. Sicherlich sind die zyklogenetischen Entwicklungen, wie sie im Bereich der Polarfront auftreten, primär für die Umwandlung von potentieller in kinetische Energie verantwortlich, so daß die Entstehung des Polarjets damit zusammenhängt. Aber Strahlströme werden mitunter (vor allem bei Betrachtung mittlerer Strömungsverhältnisse) weitab von den Zonen starker zyklogenetischer Aktivität beobachtet. In diesen Fällen sind sowohl für die Entstehung als auch für die Verlagerung der Starkwindbänder horizontale und vertikale Energieumschichtungen erforderlich. Diese werden ausgelöst sowohl durch die langen planetarischen Wellen als auch durch die kürzeren Zyklonenwellen. Im einzelnen ist der Prozeß ziemlich kompliziert, doch gibt es bereits recht realistische, mathematisch-physikalische Simulationsmodelle, die fast alle Beobachtungen erklären können.

Bei allen hier behandelten Wellenvorgängen muß das Problem der Instabilität berücksichtigt werden. Obwohl schon die stabilen (nicht amplifizierenden) Wellen einen Durchmischungsprozeß bewirken, kommt es erst durch eine einsetzende Instabilität zu großräumigen Energieumsätzen. Auch die langen planetarischen Wellen können instabil werden und zwar dann, wenn das Geschwindigkeitsprofil (s. die Begrenzungslinie der Windpfeile in der Abb. 29) eine bestimmte Krümmung erreicht. In einem solchen Fall wird die Amplitude der Wellen so groß, daß sie praktisch vom Polargebiet bis zum subtropischen Hochdruckgürtel reicht. Die Instabilität führt dann zur Abspaltung von Wirbeln. In den weit nach Süden ausgreifenden Trögen kommt es zu zyklonalen Wirbeln, also „Höhentiefs", während es in den nach Norden vorstoßenden Keilen zu antizyklonalen Wirbeln kommen müßte. Tatsächlich ist der letztere Fall selten, weil antizyklonale Gebilde nur bei bestimmten Krümmungen möglich sind.

Die in den Abb. 38 und 40 gezeigten aufeinanderfolgenden Wetterlagen veranschaulichen die Abschnürung einer Höhenzyklone. Für den praktischen Meteorologen ist weniger die Theorie der Entstehung dieser Druckgebilde wichtig als die Erfahrung daß sie Schlechtwetterträger ersten Ranges sind und zu Dauerniederschlägen und Unwetterkatastrophen führen können.

Wenngleich die Instabilität der planetarischen Wellen anfänglich nichts mit dem meridionalen Temperaturgefälle zu tun hat, wird durch die weitausgreifenden Wellen Kaltluft südwärts und kompensierende Warmluft nordwärts verfrachtet. Dies führt dazu, daß sich in den Wellentälern, also in den Trögen, wo sich die zyklonalen Wirbel abspalten, Kaltluft ansammelt, dagegen in den Keilen Warmluft. Man nennt daher auch die Höhentiefs nicht sehr glücklich *„Kaltlufttropfen"*. Da in der Kaltluft der Druck mit der Höhe rascher abnimmt als in der warmen Luft, vertieft sich gewissermaßen durch diesen Effekt der zyklonale Wirbel, doch ist seine Entstehung selbst nicht rein thermisch zu erklären, wie früher vielfach angenommen wurde. Die Temperaturverteilung ist hier eine *Folge*, nicht aber die *Ursache* der Verwirbelung.

## 9. Das Hochdruckgebiet

In mehrfacher Hinsicht bildet das Hochdruckgebiet das Gegenstück zu dem Tief. Gerade im Aufbau und in der Entstehungsweise sind jedoch erhebliche Unterschiede vorhanden, die für die Wetterentwicklung von erstrangiger Bedeutung sind. Wie bei der Zyklone wird auch das Druckmaximum von elliptischen Isobaren umschlossen. Das Windfeld zeigt ebenfalls eine spiralige Struktur, und zwar ein Ausfließen aus dem Hochdruckkern. Der Drehsinn ist hier antizyklonal, d. h. auf der Nordhalbkugel im Sinne des Uhrzeigers. Satellitenbilder können uns die spiralige Windstruktur nicht veranschaulichen, da das Hochdruckgebiet bekanntlich im allgemeinen ein wolkenarmes Druckgebilde darstellt. Die Ursache für die wolkenauflösende Wirkung ist die absinkende Luftbewegung. Untersucht man die Beziehung des Temperaturfeldes zum Hochdruckgebiet, so zeigt sich, daß in den meisten Fällen das Hoch aus einer einheitlichen Luftmasse besteht. Doch kommt es auch vor, daß eine *Luftmassengrenze* quer durch ein Hochdruckgebiet verläuft, wodurch dann — wie man es auch ausdrückt — der kalte Teil der Antizyklone von dem warmen getrennt wird. Man hat also zwischen *kalten* und *warmen* Hochdruckgebieten zu unterscheiden. Ursprünglich wurde die Ansicht vertreten, daß gemäß der barometrischen Höhenformel tiefer Druck durch relativ warme Luftmassen, hoher durch kalte Luftmassen zustande kommt. Doch zeigten sehr bald genaue Temperaturmessungen aus der freien Atmosphäre, daß dies keineswegs die Regel ist. In der überwiegenden Mehrzahl der Fälle sind die Hochdruckgebiete „warm", d. h. in ihnen herrscht eine wesentlich geringere Temperaturabnahme mit der Höhe als im Tiefdruckgebiet. Die Temperaturen nahe der Erdoberfläche können dieses Bild verfälschen. Sie erreichen hier im wolkenarmen Hoch der Jahreszeit entsprechend im Winter sehr tiefe, im Sommer sehr hohe Werte.

Neben den meist sehr großräumigen abgeschlossenen antizyklonalen Druckgebilden treten häufig „offene" auf, d. h. Wellenberge in der Art von Hochdruckkeilen. Solche Keile hohen Druckes finden sich fast immer zwischen zwei aufeinanderfolgenden Tiefdruckgebieten, was ihnen den Namen „*Zwischenhoch*" eingebracht hat. Hierbei handelt es sich um rein thermische Druckwellen, die durch die auf der Rückseite der abziehenden Zyklone einströmenden kalten Luftmassen erklärt werden können. Sie haben keine große vertikale Erstreckung. In der freien Atmosphäre herrschen über ihnen gänzlich andere Strömungsverhältnisse, vielfach eine reine Westströmung.

Natürlich können Hochdruckkeile auch in der freien Atmosphäre vorkommen, und hier stehen sie in Zusammenhang mit den im vorangegangenen Kapitel besprochenen planetarischen Wellen. In diesem Fall treten sie jedoch mit entsprechender vertikaler Mächtigkeit auf und durchsetzen dabei meist die ganze Troposphäre. Diese Hochkeile sind „warm".

Betrachtet man eine hinreichend große Anzahl von Wetterkarten, so fällt auf, daß die Anzahl der Antizyklonen im Vergleich zu den Zyklonen gering, die horizontale Ausdehnung aber beträchtlich größer ist. Selten finden wir kleine abgeschlossene antizyklonale Wirbel, sehr im Gegensatz zu den Zyklonen, die sich aus kleinsten Ansätzen entwickeln. Dies hat einen guten Grund. Da nämlich beim antizyklonal gekrümmten Wirbel (s. dazu die

Abb. 7 auf Seite 40) die Druckkraft (Richtung des Druckgefälles) in dieselbe Richtung fällt wie die Zentrifugalkraft, gibt es einen Gleichgewichtszustand nur durch eine diese beiden Wirkungen aufhebende Corioliskraft. Da diese aber für jede geographische Breite feststeht, die Zentrifugalkraft jedoch vom Krümmungsradius der Luftbahnen (im stationären Fall nahezu identisch mit den Isobaren) abhängt, folgt, daß jeder antizyklonale Wirbel nur eine bestimmte Krümmung aufweisen kann, die von der Lage auf der Erdoberfläche abhängt. Wird dieser Grenzwert erreicht (bzw. um weniges überschritten), so zerfällt der Wirbel. Es handelt sich hier auch um eine Instabilität. Im übrigen bewirkt dieser Umstand, daß am Äquator überhaupt kein Hochdruckgebiet stabil sein kann, da dort die (horizontale Komponente der) Corioliskraft verschwindet.

Weit schwieriger ist es, eine Erklärung für die Entstehung der großen „warmen" Antizyklonen zu finden. Offenbar kann man hier weder eine der Zyklonentheorie analoge Instabilitätsbetrachtung anstellen, da nach dem eben Gesagten kleine Wirbel gar nicht möglich sind, noch führt eine thermische Erklärung zum Ziel. Man hat lange Zeit versucht, die thermische Theorie dadurch zu retten, daß man kalte stratosphärische Luftmassen, die in der Tat häufig über den warmen troposphärischen Hochdruckgebieten zu finden sind, für den hohen Bodendruck verantwortlich machte. Doch darf diese stratosphärische „Kompensation" wegen der sehr geringen Luftdichte in diesen Schichten keineswegs überschätzt werden. Man gewinnt daher den Eindruck, daß für die Entstehung der antizyklonalen Wirbel primär keine besondere Temperaturverteilung erforderlich ist. Überdies muß man sich vor Augen halten, daß Druckanstieg (Druckfall) allein nicht genügt, um die Ausbildung eines Hochs (Tiefs) zu erklären. Wesentlich ist immer die Stromfeldstruktur, also der Wellenberg (Wellental) oder der abgeschlossene Wirbel. Dies ist aber eine Angelegenheit der Beziehung zwischen Druckgradient und Windfeld unter Berücksichtigung der Ablenkung durch die Erdrotation. Es ist also nicht korrekt, wenn im Sprachgebrauch der Meteorologen häufig die Ausdrucksweise gewählt wird, daß Druckanstieg ein Hochdruckgebiet aufbaut. Eigentlich kann nur behauptet werden, daß beobachteter Druckanstieg oder Druckfall den räumlichen Druckgradienten ändert. Ob dies dann zu Wirbel- oder Wellenbildung führt, ist eine Frage, die mit der Drucktendenz unmittelbar nichts zu tun hat. Dessen ungeachtet kommt aber dem beobachteten Luftdruckgang eine prognostische Bedeutung zu, wie ja allgemein bekannt ist. Dies gilt vor allem für Wetterlagen, die durch wandernde Tiefdruckgebiete mit entsprechenden Zwischenhochs, also durch fortschreitende Druckwellen, charakterisiert sind. Hier zeigt die Barometertendenz die kommende Entwicklung (Hochdruckkeil oder Tiefdrucktrog) an, und hier gilt auch die Regel, daß Druckanstieg Wetterbesserung, Druckfall Wetterverschlechterung bringt. Allerdings kann das Höhendruckfeld einen Strich durch die Rechnung machen. Da wir schon wissen, daß beständigere Hochdruckgebiete „warm" sind, ist die Regel so zu erweitern, daß eine durchgreifende Besserung (Aufheiterung) erst dann zu erwarten ist, wenn der Druckanstieg mit Temperaturzunahme in der freien Atmosphäre gekoppelt ist. Der erste, der diese Regel aufstellte, war Ficker, der dazu Beobachtungen von Bergobservatorien verwendete.

Aber kehren wir zu dem eigentlichen Problem der Entstehung von Hochdruckgebieten zurück. Bei Besprechung der planetarischen Wellen im vorangegangenen Kapitel haben wir einen Prozeß kennengelernt, bei welchem sich aus einem (scherenden) Grundstrom Wellen ausbilden können, ohne daß dazu ein Temperaturgradient erforderlich ist. Tatsächlich werden wir für die Entstehung der troposphärischen Hochdruckkeile in vielen Fällen die planetarischen Wellen verantwortlich machen können. Die im ausgebildeten Hochkeil schließlich beobachteten relativ hohen Temperaturen sind dann die Folge, nicht aber die Ursache der antizyklonalen Stromfeldkonfiguration. Allerdings kann der Mechanismus der planetarischen Wellen allein nicht jede Antizyklogenese erklären, da es sich bei diesen doch nur um „offene" Gebilde und nicht um abgeschlossene Wirbel handelt. Ein dem Abschneidungsprozeß der Höhenzyklonen analoger Vorgang kann für die Entstehung antizyklonaler Wirbel auch nicht verantwortlich gemacht werden, da nach dem oben Gesagten der Krümmung eine Grenze gesetzt ist und man zeigen kann, daß aus planetarischen Wellen abgeschnürte antizyklonale Wirbel fast durchwegs instabil sein müssen. In der Tat werden auch solche Prozesse selten beobachtet.

Man sieht, daß die Theorie einen anderen Weg beschreiten muß als bei der Zyklogenese. Dort entsteht der Wirbel durch eine Instabilität von Wellen in einer wesentlich horizontal ausgerichteten Grundströmung. Im Endzustand sind dann aufwärtsgerichtete Luftbewegungen vorhanden. Diese sind die *Folge* der Wirbelbildung. Anders beim Hochdruckgebiet: Hier müssen bereits zu Anfang absteigende Luftströmungen existieren. Der Aufbau des Hochs erfolgt dann relativ langsam, indem die an der Erdoberfläche nach außen abfließende Luft sich im Gleichgewicht zwischen Druck-, Zentrifugal- und Corioliskraft zu einem antizyklonalen Wirbel formiert. Die langlebigsten Hochdruckgebiete finden sich in den Subtropen, wo auf Grund der Allgemeinzirkulation die Absinkbewegung erzwungen wird. Die Tatsache, daß sich über den subtropischen Hochdruckgebieten im Mittel ein Strahlstrom befindet, der seine Entstehung horizontalen Mischungsprozessen verdankt, spricht dafür, daß für diesen Massenfluß nach unten auch rein dynamische Ursachen in Frage kommen. In diesem Sinne wird auch häufig von einem „dynamischen" Druckanstieg beim Aufbau eines Hochs gesprochen.

Es sei zugegeben, daß gewisse Einzelheiten der Entstehung von Hochdruckgebieten noch einer weiteren Klärung bedürfen. Für den Praktiker der Meteorologie ist viel wichtiger, daß die absteigende Luftbewegung im Hochdruckgebiet eine wolkenauflösende Wirkung besitzt und daher das Hoch im allgemeinen seinem Ruf als Schönwettergebiet gerecht wird. Natürlich besteht auch hierbei eine gewisse Einschränkung, wie bereits auf Seite 68 erwähnt wurde. Im Hochsommer wird es durch die zunächst ungehinderte Einstrahlung zu starker Erwärmung der Erdoberfläche kommen und damit zur Ausbildung von Thermikwolken, während im Winter das Überwiegen der nächtlichen Strahlungsabkühlung Nebelbildung begünstigt. Daher kann eine im Wetterkartenbild sehr ähnliche Hochdrucklage in den verschiedenen Jahreszeiten ein gänzlich anderes Wetter bedingen.

Wir müssen aber noch auf eine recht eigenartig anmutende Beobachtungstatsache hinweisen. Es ist den Meteorologen seit langem bekannt, daß für Vorstöße des Subtropenhochs nach Norden gewisse Gebiete deutlich bevorzugt sind. So kommt es zur Ausbildung warmer Hochdruckgebiete in Europa fast ausschließlich durch ein Auskeilen des atlantischen Subtropenhochs im Bereich der Azoren. Diese atlantische Zelle des hemisphärischen Hochdruckgürtels weist eine große Beständigkeit auf. Das Hochdruckgebiet findet sich fast an allen Tagen in ähnlicher Position auf den Wetterkarten und zeigt in seiner Lage und Stärke nur geringfügige jahreszeitliche Schwankungen. In vielen Wetterberichten wird das „*Azorenhoch*" als Ausgangssituation für Schönwetterlagen in Mitteleuropa angeführt, oder auch als steuerndes Zentrum für Westwetterlagen. Die Stellung, die es in der atlantisch-europäischen Luftdruckverteilung einnimmt, ist offenbar so dominierend wie etwa die bevorzugte Zyklogenese im Raum von Island. Letztere Erscheinung hat orographische Ursachen, da die polaren Kaltluftmassen für ihren Ausbruch nach Süden den Weg des geringsten Widerstandes wählen. Aber wie lassen sich die Besonderheiten des Azorenhochs erklären? Eine orographische Beeinflussung an Ort und Stelle scheidet offenbar aus, da sich in diesem Teil des Atlantiks nur wenige und nicht sehr gebirgige Inseln befinden und die warmen Hochdruckkeile praktisch die ganze Troposphäre umfassen. Man hat nun lange Zeit versucht, die unterschiedliche Erwärmung zwischen Kontinent und Meer analog zu den Betrachtungen über die Monsunzirkulation in Südostasien für die Ausbildung der Hochdruckgebiete am Atlantik verantwortlich zu machen. Doch befindet sich dabei die Argumentation auf schwachen Füßen. Selbst wenn man einer solchen monsunalen Zirkulation reelle Möglichkeiten der Beeinflussung der großräumigen Zirkulationsformen zubilligt, was angesichts der in den gemäßigten Breiten dominierenden Westdrift fraglich erscheint, müßte sich bei diesem Prozeß eine deutliche jahreszeitliche Abhängigkeit als Folge des vom Sommer zum Winter sich umkehrenden Temperaturgefälles zwischen Land und Meer ergeben. Dies wird aber keineswegs beobachtet. Gerade bei Westwettereinbrüchen im Winter tritt die Funktion des Azorenhochs oft stark in Erscheinung, was durch monsunale Effekte nicht erklärbar wäre.

Die Lösung des Rätsels kam von ganz anderer Seite. Als man nämlich die Theorie der planetarischen Wellen entwickelte und sich insbesondere mit der Frage stationärer Wellen befaßte, zeigte sich, daß die Position derselben sehr wesentlich von der orographischen Beschaffenheit der *ganzen* im Bereich des Westwindbandes liegenden Erdoberfläche abhängt. Voraussetzung ist dabei, daß ein entsprechend hoher Gebirgszug quer zur Westwindströmung verläuft. Dies trifft für die mächtigen amerikanischen Rocky Mountains zu. Dieses orographische Hindernis stellt eine Barriere dar, die praktisch die halbe Troposphäre einnimmt. Eine vom Pazifik als reine Westströmung auf die Rocky Mountains auftreffende Luft erleidet im Lee — wie man theoretisch zeigen kann — eine Rechtsablenkung und dann weiter stromabwärts eine wellenförmige Deformation derart, daß sich über dem nordamerikanischen Kontinent selbst ein mächtiger Trog (Wellental) und weiter östlich über dem Atlantischen Ozean ein Keil (Wellenberg) ausbilden muß (s. auch Abb. 28). Es handelt sich hier um Wellen von globalem Ausmaß mit einer Wellenlänge von mehreren tausend Kilometern. Die Theorie konnte den eindeutigen Beweis liefern, daß bei den tatsächlich beobachteten Windstärken und der Höhe der Rocky Mountains so lange planetarische Wellen möglich sind.

Es mag vielleicht seltsam anmuten, daß das Azorenhoch und die von ihm nach Norden oder Nordosten vorstoßenden Keile letzten Endes ihre Entstehung einem tausende Kilometer westlich davon befindlichen orographischen Hindernis verdanken. Dies soll auch nicht in aller Allgemeinheit behauptet werden. Der orographische Effekt ist sozusagen nur ständig den anderen wirbel- und wellenbildenden Prozessen überlagert, und das führt dazu — so wie es die Erfahrung lehrt —, daß es bevorzugte Stellen auf der Nordhalbkugel gibt, an welchen sich überdurchschnittlich oft hochreichende Tiefdrucktröge oder Hochdruckkeile ausbilden. Man hat im übrigen diese Überlegungen auf die ganze Hemisphäre ausgedehnt und auch für die Besonderheiten der troposphärischen Zirkulation in Ostasien und im Pazifischen Ozean eine „orographische" Erklärung gefunden. Dabei stellt das mächtige mittelasiatische Gebirgsmassiv das Hindernis dar.

## 10. Der Föhn und die Genuazyklone

Wir haben bereits erfahren, daß die Orographie der Erdoberfläche durch Beeinflussung der planetarischen Wellen sehr wesentlich in das großräumige Wettergeschehen eingreifen kann. Es gibt aber darüber hinaus eine Reihe von lokalen Wettererscheinungen, die in ursächlichem Zusammenhang mit Gebirgsformationen stehen und die der Bevölkerung wohlbekannt sind. Unter diesen Phänomenen nimmt zweifellos der Föhn eine Sonderstellung ein. Und dies mit Recht. Wenn beispielsweise in der kalten Jahreszeit in den nordseitigen Alpentälern plötzlich Winde vom Alpenkamm herabwehen und innerhalb weniger Stunden, mitunter auch nachts, die Temperaturen um 10—15°C steigen, wenn im Winter schlagartig ein fast frühlingshaftes Wetter eintritt, der Schnee schmilzt und eine eigenartige Stimmung durch eine sehr klare durchsichtige Luft hervorgerufen wird, wenn am Himmel ganz charakteristische linsenförmige Wolkenbildungen (s. Abb. 21) zu sehen sind, dann weiß jedermann: es weht der *Föhn*! Dieser Wind, der auch den Gemütszustand vieler Menschen nachteilig beeinflußt, ist nicht nur warm, sondern auch sehr trocken. Zu Beginn meteorologischer Forschung hat man geglaubt, den Ursprung der warmen Windströmung in weitab liegenden, südlichen Gebieten suchen zu müssen. Bald aber erkannte man den Irrtum dieser Auffassung. Die Beobachtungen im Gebirge ergaben nämlich, daß der Föhn nur im Tal warm und trocken ist. Am Gebirgskamm selbst herrscht ein sehr kalter und feuchter Wind, und ebenso ist das Wetter an der Windanströmseite, also südlich des Alpenkammes, kühl, unfreundlich und regnerisch. Der Physiker HELMHOLTZ und der Meteorologe HANN zogen daraus den richtigen Schluß, daß die Erwärmung nur durch das Absteigen der Luft im Lee des Gebirges zustande kommt, daher der Föhn seine Entstehung lediglich dem bereits bei der Wolkenbildung eingehend diskutierten Prozeß der adiabatischen Temperaturänderungen verdankt. Das Gebirge bewirkt, daß die anströmende Luft gezwungen wird, bis zur Kammhöhe aufzusteigen, um dann wieder talwärts abzusinken.

Es besteht hier eine gewisse Analogie zu Wasserläufen, die ein Hindernis überströmen, aber mit einem sehr wesentlichen Unterschied. Wir wissen schon, daß bei jeder Hebung die potentielle Energie zunimmt, weil Arbeit geleistet werden muß, um die Masse auf ein höheres Niveau zu bringen. Daher muß auch beim Überströmen eines Gebirges Energie verbraucht werden. Nun tritt aber der Prozeß ein, den wir bei der Besprechung der Wolkenbildung kennengelernt haben. Die zum Aufsteigen gezwungene Luft dehnt sich aus und kühlt sich dabei ab, d. h. sie verbraucht einen Teil ihrer inneren Energie, was automatisch zu einer Reduzierung der potentiellen Energie führt (s. Seite 35). Dadurch wird die Hebung der Luft über das Gebirge wesentlich erleichtert. Wir wissen auch schon, daß der Betrag der Abkühlung der Luft ohne Wolkenbildung 1°C/100 m ausmacht und in der Wolke selbst auf 0,5—0,6°C zurückgeht (s. Seite 57). Daher können wir die Temperaturänderungen beim Überströmen eines Gebirges leicht berechnen.

Die Verhältnisse sind in der Abb. 31 schematisch für einen konkreten Fall dargestellt. Die ursprünglich 20grädige Luft erreicht in 1000 m bei 10°C ihr Kondensationsniveau. Es setzt Wolkenbildung ein. Durch die geringere Abkühlung in der Wolke selbst werden in der Kammhöhe von 2000 m immer noch 5°C registriert. Beim Absteigen löst sich die Wolke auf, und die Erwärmung beträgt in der ganzen Abstiegshöhe 1°C/100 m, so daß die Luft in der Station im Lee des Gebirges mit einer Temperatur von 25°C eintrifft. Gäbe es auf der Anströmseite keine Wolkenbildung, so wäre die Temperatur an beiden Bodenstationen dieselbe geblieben.

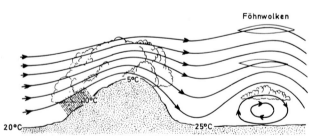

Abb. 31. Schematische Darstellung der Überströmung eines Gebirgskammes bei Föhn mit Leewellen und den dazugehörigen Föhnwolken an der Windschattenseite des Gebirges

Woher stammt also letztlich die Erwärmung? Offenbar aus der latenten Wärme, die bei der Wolkenbildung frei wird. In Nordamerika sind es beispielsweise Westwinde, die beim Überqueren der Rocky Mountains heftige Föhnwirkungen zeigen und von den Indianern als „Chinook" bezeichnet werden. Am eindrucksvollsten beweisen die starken Föhnwinde an der Küste Grönlands, daß nur das Absinken für die Erwärmung verantwortlich gemacht werden kann, denn niemand wird behaupten können, daß die aus der hochgelegenen Eiswüste herabsteigenden Winde aus einem warmen Ursprungsgebiet stammen.

Wir sehen, daß die Windrichtung an sich keine Rolle spielt, solange nur ein quer zur Anströmrichtung orientiertes Hindernis vorhanden ist. Daher gibt es in den Alpen natürlich auch einen „*Nordföhn*". Da es sich hier aber um sehr kalte, aus Nord gegen das Alpenmassiv strömende Luftmassen handelt, ist der Föhneffekt bei diesen Wetterlagen südlich des Alpenhauptkammes nicht so eindrucksvoll. Immerhin bewirkt die Erwärmung der den Gebirgskamm übersetzenden und absteigenden Kaltluft, daß die tatsächliche Abkühlung in diesen Gebieten nur gering ist im Vergleich zu den Stationen nördlich des Gebirgszuges. Damit wird jeder (genügend hohe) Gebirgskamm zu einer Wetterscheide. Je höher das Gebirge ist, desto größer ist auch die aus dem eben geschilderten Prozeß resultierende Temperaturerhöhung. Bei niedrigeren Gebirgen kann die Erwärmung den Charakter der Kaltluft nicht wesentlich verändern. Dann wird der Nordföhn zu einem stürmischen kalten Wind, wie der die Karsthänge zur Adriaküste herabstürzende Fallwind, der „*Bora*" genannt wird.

Außer der Gebirgshöhe spielt auch die Feuchte der anströmenden Luft für die Stärke der Föhnwirkung eine Rolle. Die Südwinde, die die Alpen überströmen, sind meist durch ihre höhere Temperatur wesentlich feuchter als Nord- oder Nordwestwinde. Daher sind einerseits die Temperaturerhöhungen bei Südföhn kräftiger als bei Nordföhn, andererseits aber auch die Stauniederschläge wesentlich ausgiebiger. Obwohl im allgemeinen die Nordwestwinde im Alpengebiet häufiger sind als die Südwinde, fallen daher im Jahresdurchschnitt nördlich und südlich des Alpenhauptkammes nahezu gleich viel Niederschläge.

Wesentlich anders liegen die Verhältnisse in Klimagebieten, wo *eine* Windrichtung dominiert, wie etwa auf einzelnen Inseln im Pazifischen Ozean im Bereich der Passatströmung. Dort kann es im Luv zu gewaltigen Regenmassen kommen, während die Windschattenseite praktisch niederschlagsfrei bleibt. Auch der Südwestmonsun in Indien verflüssigt nahezu seinen ganzen Wasserdampfgehalt an den indischen Küstengebirgen und dem gewaltigen Gebirgsmassiv des Himalayas. Setzt dann der vom Land gegen das Meer gerichtete Wintermonsun ein, so enthält die Luft nur mehr wenig Feuchtigkeit und es beginnt die Trockenzeit.

Durch die physikalischen Gleichungen stehen Druck, Temperatur und Luftströmung in funktioneller Beziehung. Daher muß sich jede Änderung des einen Elementes auch in einer solchen des anderen auswirken. Wenn also feststeht, daß bei Föhn das Temperaturfeld sowohl in horizontaler als auch in vertikaler Hinsicht geändert wird, so müssen sich (in den unteren Luftschichten) adäquate Druck- und Windänderungen zeigen. In der Tat wird dies beobachtet. An der Anströmseite und im Lee des Alpenhauptkammes kommt es zu einer charakteristischen Isobarendeformation, die die Gestalt eines west-östlich orientierten Keiles bzw. Troges zeigt. Wir sehen dies auf der Abb. 41, die eine besonders ausgeprägte Föhnlage veranschaulicht. Man bezeichnet diesen Keil übrigens auch als *Föhnkeil*. Bei Nordanströmung tritt ein vollkommen analoger Keil nördlich des Alpenhauptkammes auf. Verantwortlich für die Ausbildung dieser Keile bzw. für eine Rechtsablenkung des Windes nach Überströmen des Gebirgshindernisses ist — wie man theoretisch beweisen kann — die durch den Stau- und Föhneffekt hervorgerufene Änderung des *vertikalen* Temperaturgradienten über dem Gebirge, und nicht etwa die Erwärmung bzw. Abkühlung der Luft an sich. Im übrigen haben wir im vorangegangenen Kapitel auch von einer Rechtsablenkung des Windes beim Überströmen der Rocky Mountains in Nordamerika und damit von einem Einfluß auf die planetarischen Wellen gesprochen. Beim Föhnkeil handelt es sich offenbar um einen sehr ähnlichen, nur viel kleinräumigeren Vorgang.

Einen ganz besonderen Einfluß nimmt das Alpenmassiv auch noch auf die Zyklogenese im westlichen Mittelmeer. Hier kommen die Tiefdruckgebiete meist zwischen dem Löwengolf und dem Golf von Genua zur vollen Entwicklung, was ihnen auch den Namen *„Genuazyklone"* eingebracht hat. Auf Seite 105 haben wir bereits bemerkt, daß nach der Polarfronttheorie eine durch die Alpen bedingte orographische Deformation zyklogenetisch wirksam sein könnte. Dieser Anschauung liegt die Vorstellung zugrunde, daß die aus Norden kommende Kaltluft über Frankreich ungehindert in das westliche Mittelmeer einströmen kann, während sie weiter östlich durch die Alpen zunächst aufgehalten wird. An der Grenzfläche der im Mittelmeerraum lagernden Warmluft und der einbrechenden frischen Kaltluft kommt es zur Ausbildung einer Frontalzone, in welcher nach der Polarfronttheorie eine Zyklogenese stattfinden soll.

Doch dürfte diese Theorie im Fall der Genuazyklone kaum allen Beobachtungstatsachen gerecht werden, da bei diesem Prozeß die Vorgänge in der Höhe maßgeblich beteiligt sind. Wieder war es FICKER, der erstmalig auf die Bedeutung der Höhendruckänderungen für die Entstehung der Tiefdruckgebiete südlich der Alpen hingewiesen hat. Im Lichte der modernen Zyklonentheorie, die wir auf Seite 106 besprochen haben, und die gerade dadurch gekennzeichnet ist, daß sie die Vorgänge in der ganzen Troposphäre berücksichtigt, läßt sich die „orographisch induzierte" Zyklogenese so verstehen, daß durch teilweises Zurückhalten der Kaltluft am Gebirge zunächst eine Verschärfung des horizontalen Temperaturgefälles eintreten muß, was zu entsprechenden vertikalen Windscherungen führt, die dann eine Instabilität und damit eine Tiefdruckentwicklung auslösen können. Es ergeben sich bei dieser Theorie dadurch gewisse Schwierigkeiten, daß im Fall der Genuazyklone der Grundstrom meridional, das Temperaturgefälle zonal orientiert ist, im Gegensatz zu dem Normalfall, wo einem zonalen Grundstrom ein meridionales Temperaturgefälle überlagert wird. Wir wollen auf weitere Einzelheiten der sehr interessanten, aber noch nicht endgültig abgeschlossenen Theorie hier verzichten.

## 11. Die Wettervorhersage

Grundlage für die Wettervorhersage ist die Wetterkarte. In ihr werden die Wetterbeobachtungen in übersichtlicher Form einge-

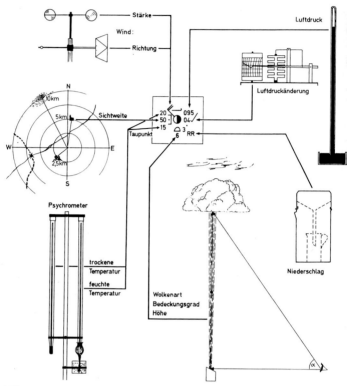

Abb. 32. Eintragung der Wettermeldungen auf Grund von Beobachtungen und Messungen in Form von Symbolen in ein Stationsschema

tragen. Ein zweckmäßiges Schema (Abb. 32) ermöglicht es dem Meteorologen, mit einem Blick die verschiedensten Beobachtungen rasch zu erfassen und für die weitere Verarbeitung zu verwerten. Die Übermittlung der Meß- und Beobachtungsdaten selbst erfolgt in Form eines international anerkannten Zahlenschlüssels durch Fernschreib- oder Funkverbindungen. Die Eintragung in die Karte wird heute noch meist von einem entsprechend geschulten Wetterdiensttechniker besorgt, doch ist auch eine vollautomatische Eintragung durch ein elektronisches Zeichengerät möglich. Bei diesem meteorologischen Roboter werden die einlangenden Meldungen in Form von Lochstreifen in eine elektronische Rechenmaschine gesteuert, die ihrerseits so programmiert ist, daß ein angeschlossenes Zeichengerät mit minuziöser Genauigkeit die Eintragung vornimmt.

Ist die Wetterkarte gezeichnet, beginnt die Arbeit des Meteorologen durch Analyse der Feldverteilung. Das Druckfeld wird durch den Isobarenverlauf, das Temperaturfeld durch die Abgrenzung der Luftmassen bzw. Einzeichnen der Fronten dargestellt (s. die Wetterkarten der Abb. 35—44). Bei den Höhenkarten, die die Meßergebnisse der Radiosonden veranschaulichen, erfolgt die Analyse durch eine topographische Darstellung bestimmter Druckflächen, also etwa durch Einzeichnen der Höhenlinien der 500-mb-Fläche. Dies hat praktische und theoretische Vorteile, die wir aber hier nicht näher erläutern wollen. Im übrigen kann das Auszeichnen der Isobaren oder Höhenlinien ebenfalls vom elektronischen Zeichengerät übernommen werden. Bei dieser *numerischen Analyse* handelt es sich darum, die räumlich völlig unregelmäßig verteilten Beobachtungswerte zunächst auf ein regelmäßiges äquidistantes Gitternetz zu interpolieren, was durch rein mathematische Methoden gewährleistet wird. Die numerische Analyse ist für Vorausberechnungen der Druckverteilung unbedingt erforderlich. Sie ist aber in mancher Hinsicht der graphischen Analyse durch die Hand des Meteorologen überlegen. Allerdings wird sie vornehmlich für das Druck- und Stromfeld in der freien Atmosphäre (Höhenkarten) verwendet, da bei der Bodenwetterkarte die Luftmassen- und Frontenanalyse eine besondere Rolle spielt. Eine Programmierung der vielen dabei zu berücksichtigenden Beziehungen zwischen Druck, Temperatur, Wolken und Niederschlag ist schwierig und bisher nur teilweise gelungen.

Wir wollen nun die zwei grundsätzlichen Schritte jeder Wettervorhersage festhalten. Erste Aufgabe ist es, auf Grund der analysierten Wetterkarte die Änderungen derselben für den Vorhersagezeitraum zu prognostizieren, also eine „*Vorhersagekarte*" zu konstruieren. Ist man sich derart über die zu erwartende Luftdruckverteilung, über die Verlagerung der Fronten und die Änderungen des Temperaturfeldes klargeworden, erfolgt der zweite Schritt, nämlich die Abfassung der eigentlichen Wettervorhersage. Hierbei ist neben den wissenschaftlichen Erkenntnissen, von denen in den vorangegangenen Kapiteln die Rede war, auch noch die persönliche Erfahrung von Nutzen. Die Vorhersage der Druckverteilung kann mit Hilfe sogenannter „*synoptischer Regeln*" halbempirisch durchgeführt werden, wobei besonderes Augenmerk der Verlagerung der ausgezeichneten Druckgebilde (Hoch- und Tiefdruckgebiete) geschenkt wird. Für kürzere Zeiträume geschieht dies durch einfache Extrapolation aus der Vergangenheit in die Zukunft unter Verwendung der von den Stationen gemeldeten Drucktendenzen. Hierzu kommen noch verschiedene Regeln über die Verlagerung von Fronten und Druckwellen mit der vorherrschenden (meist aus der Höhenwindverteilung ersichtlichen) Luftströmung. Natürlich muß dabei berücksichtigt werden, daß Änderungen des Druckfeldes sich in solchen der Windverteilung auswirken, was wiederum zur Verlagerung von Luftmassen und zu Temperaturänderungen Anlaß gibt.

Es ist verständlich, daß bei der eben geschilderten Vorgangsweise Fehler schlechthin unvermeidlich sind. Bedenken wir überdies, daß infolge der ungenügenden Anzahl von Beobachtungsstationen die Ausgangslage nur approximativ erfaßt werden kann, so darf es nicht verwundern, wenn die Vorhersagemethode maximal nur eine Trefferwahrscheinlichkeit von 75—80% erreicht. Hierzu kann noch u. U. eine unrichtige Interpretation des eigentlichen Wetterablaufes auf Grund der vorausgesagten Druck- und Luftmassenverteilung kommen. Wir müssen uns fragen, wie hier Abhilfe geschaffen werden kann. Sind wir bereits am Ende aller Möglichkeiten, zu einer Verbesserung zu kommen, angelangt, müssen wir vielleicht resignieren und Fehlprognosen als etwas Unabänderliches hinnehmen?

Keineswegs. Der Weg, weiterzukommen, ist vorgezeichnet. Einmal muß erreicht werden, daß das Beobachtungsnetz dichter wird. Dies gilt insbesondere für die Weltmeere. Man hat zwar nach dem zweiten Weltkrieg eigene Wetterschiffe eingerichtet, die laufend von den Ozeanen Beobachtungen übermitteln. Es sind jedoch viel zu wenige, um eine lückenlose Überwachung des Wetterzustandes der großen Wasserflächen zu gewährleisten. Neuerdings sind auch vollautomatische, auf Bojen verankerte kleine Beobachtungsstationen (vor allem für Luftdruck- und Windmessung) entwickelt worden. Außerdem erhofft man sich große

Hilfe von den Wettersatelliten. Doch können noch so scharfe Wolkenbilder von oben die Bodenbeobachtungen nicht ersetzen. Letzten Endes handelt es sich hier aber um ein wirtschaftliches Problem, und die Zukunft wird lehren, wieweit die Staaten bereit sind, die erheblichen Kosten zu tragen.

Die zweite Möglichkeit, die Prognose zu verbessern, besteht darin, an Stelle von empirischen Regeln mathematische Gleichungen zu verwenden, die uns gestatten, Änderungen der Feldgrößen vorauszuberechnen. Dieses Problem der *mathematischen Wettervorhersage* ist so alt wie die meteorologische Forschung überhaupt. Aber die Forscher erkannten sehr bald, daß hier eines der kompliziertesten Probleme der Naturwissenschaft vorliegt, und sie waren öfters daran, vor den ungeheuren rechnerischen Schwierigkeiten zu kapitulieren. Da wir wissen, daß alle physikalischen Prozesse nach bekannten Gesetzen ablaufen, ist es grundsätzlich möglich, Prognosengleichungen aufzustellen. Derartige Gleichungssysteme sind auch schon zu Beginn unseres Jahrhunderts formuliert worden. Eine Lösung ist jedoch nur dann sinnvoll, wenn dazu nur ein Bruchteil der Zeit benötigt wird, den die zu berechnende Wetterentwicklung selbst in Anspruch nimmt. Da die Gleichungen sehr kompliziert sind, müssen Lösungsmethoden angewendet werden, die recht aufwendig sind, so daß der Einsatz von Hochleistungsrechenautomaten unbedingt erforderlich ist. Auch bei der numerischen Wettervorhersage ist die Analyse der Ausgangslage von entscheidender Bedeutung, und auch hier sind Fehler dieser Analyse unvermeidbar und beeinflussen das Rechenergebnis. Für jede Vorausberechnung müssen die Anfangswerte an einem hinreichend engen äquidistanten Gitternetz bekannt sein. Die numerische Analyse erledigt diese Aufgabe durch Interpolation der der Maschine eingegebenen Beobachtungsdaten. Für die Erfassung der Feldverteilung werden derzeit rund 2000 Gitterpunkte auf der Hemisphäre verwendet. In erster Linie interessieren der Luftdruck, der Wind und die Temperatur.

Man könnte nun mit den so gewonnenen Ausgangswerten direkt in die Prognosengleichungen eingehen. Doch hat sich gezeigt, daß dies nicht zweckmäßig ist. Wir kommen hier auf eine Frage zurück, die wir bereits auf Seite 5 angeschnitten haben. In der Atmosphäre gibt es eine Unzahl kurzperiodischer und kleinräumiger Prozesse, die für den eigentlichen Wetterablauf unwichtig sind, aber dennoch in den Messungen aufscheinen. Es bedurfte eingehender Forschung, die Frage zu klären, welche Vorgänge zweitrangig sind. Ähnlich wie für die Klangfarbe eines Akkords zwar Oberschwingungen erforderlich sind, aber nicht dominant sein dürfen, muß bei dem meteorologischen Problem Vorsorge getroffen werden, daß der „Wetterakkord" keine Dissonanz zeigt. Es muß der sogenannte „*meteorologische Lärm*" aus dem Problem ausgeschieden werden. Die Theoretiker haben herausgefunden, daß vornehmlich Prozesse, die sich mit Schallgeschwindigkeit fortpflanzen, zu diesem Lärm gehören und Filterungsmethoden entwickelt, die es gestatten, solche Vorgänge zu eliminieren. Es ist nicht möglich, ohne mathematische Hilfsmittel dieses Verfahren näher zu erläutern. Erwähnt sei nur, daß die Filterung durch Anwendung bestimmter „Verträglichkeitsbedingungen" (z. B. die barometrische Höhenformel, s. Seite 10) zwischen den verschiedenen meteorologischen Elementen erreicht wird. Dadurch werden dann die tatsächlichen Beobachtungsergebnisse etwas modifiziert.

Ist derart der Anfangszustand festgelegt, so kann die eigentliche Vorausberechnung erfolgen. Die Prognosengleichungen müssen an jedem Gitterpunkt gelöst werden. Grundsätzlich ist es nicht schwer, diese Gleichungen zu formulieren. Wir haben bereits auf Seite 2 hervorgehoben, daß die atmosphärischen Prozesse im wesentlichen durch sieben Raumzeitfunktionen (Luftdruck, Temperatur, 3 Komponenten des Windvektors, Wasserdampfgehalt, Luftdichte) erfaßt werden können. Man benötigt also sieben Gleichungen, die diese Größen untereinander verknüpfen, und die sind leicht zu finden: Drei Bewegungsgleichungen stellen die Beziehung zwischen den Bewegungskomponenten einerseits, dem Druck und der Dichte andererseits her, die Kontinuitätsgleichung trägt Vorsorge, daß die Gesamtmasse erhalten bleibt, der Energiesatz der Wärmelehre regelt den Zusammenhang zwischen innerer Energie, äußerer Arbeitsleistung und äußerer Wärmezufuhr, während die Zustandsgleichung der Gase eine Beziehung zwischen Druck, Temperatur und Dichte liefert. Als siebente Gleichung tritt noch eine Bilanzgleichung für den Wasserkreislauf hinzu. Mit der Aufstellung der Gleichungen ist aber unsere Aufgabe nicht beendet. Versucht man nämlich, mit diesen

Gleichungen, unter Verwendung des vorgegebenen Anfangszustandes, einen Endzustand, also eine Luftdruck-, Wind-, Temperatur- und Feuchteverteilung für einen zukünftigen Termin zu berechnen, so ergeben sich erhebliche Schwierigkeiten, die bis heute nur zum Teil überwunden werden konnten.

Einerseits sind nämlich die Gleichungen, mathematisch betrachtet, sehr unhandlich und schwer lösbar, andererseits spielen sowohl die Anfangsbedingungen, d.h. der Zustand zum Ausgangszeitpunkt, als auch die Randbedingungen an der Erdoberfläche wichtige Rollen. Da der Anfangszustand, wie wir gesehen haben, wegen der großen Lücken im Beobachtungsnetz nur „unscharf" vorliegt, kann schon aus diesem Grund der daraus berechnete Endzustand nicht ganz richtig sein. Die Unschärfe vergrößert sich i. a. während des Lösungszykluses. Allein aus diesem Grund sind Vorausberechnungen der Feldverteilungen meteorologischer Größen, also sogenannte „Computerwetterkarten", zeitlich limitiert. Die Grenze dürfte bei 7 bis 10 Tagen liegen. Vorausberechnungen für längere Prognosenzeiträume würden keine Bindung mehr an die Informationen des Anfangszustandes aufweisen.

Der Einfluß vom Rand her macht sich vielgestaltig bemerkbar: Zum Beispiel bewirkt die Reibung einen ständigen Entzug von Energie aus dem atmosphärischen Stromfeld. Die Erdoberfläche fungiert überdies als Energiespeicher, da sie tagsüber von der Sonnenstrahlung Energie aufnimmt und an die Atmosphäre weiterleitet, während sie nachts der Atmosphäre Energie entzieht. Einen besonderen Randeffekt stellt die Verdunstung an Wasseroberflächen dar, wodurch beträchtliche Energiemengen in die Atmosphäre gelangen, während der umgekehrte Vorgang, nämlich Kondensation an der Erdoberfläche (Tau und Reif), energetisch weniger bedeutungsvoll ist. Es ist — wie schon betont wurde — bisher nicht gelungen, allen diesen vielgestaltigen Prozessen in einem mathematischen Modell gerecht zu werden. Man muß sich derzeit auf mehr oder weniger realistische „Simulationsmodelle" beschränken, die zwar das gesamte Problem nicht vollständig lösen, aber für Teilaufgaben schon beachtlich gute Resultate liefern.

Neben den schon erwähnten Randproblemen an der Erdoberfläche, sind auch die seitlichen Randbedingungen zu berücksichtigen, es sei denn, daß man die Modellgleichungen jeweils für eine ganze Hemisphäre löst. Man hat untersucht, für welche Zeitspanne damit Vorausberechnungen mit Aussicht auf Erfolg durchgeführt werden können, d. h. wie lange es dauert, bis „Anfangsinformationen" von der anderen Halbkugel in das Resultat eingreifen können. Wieder kommt man auf einen Prognosenzeitraum von etwa 7 Tagen. Man sieht also, daß bei längerfristigen Vorhersagen Schwierigkeiten auftauchen, die bei dem derzeitigen Stand des Beobachtungsnetzes und der Kapazität der Rechenmaschinen nicht überwunden werden können.

Es muß aber noch festgehalten werden, daß bei der Lösung der Modellgleichungen auch Ungenauigkeiten und Fehler auftreten, die nichts mit den Anfangs- und Randbedingungen zu tun haben. Die Gründe hierfür sind in den mathematischen Methoden der Lösungszyklen zu suchen: Bei analytischen Lösungsverfahren wird eine Lösung formuliert, die für jeden beliebigen Punkt, den man einsetzt, gültig ist. Numerische Rechenverfahren werden dort verwendet, wo dies nicht möglich ist. In diesen Fällen werden Raum und Zeit in diskrete Punkte aufgelöst, und hierauf für diese Gitterpunkte die Gleichungen gelöst. Die dabei angewandte Methodik kann man sich folgendermaßen klar machen: Die Modellgleichungen geben einen Zusammenhang an zwischen der zeitlichen Änderung einer meteorologischen Größe an einem Punkt und der räumlichen Verteilung dieser und anderer Größen. Nimmt man an, daß die räumliche Verteilung sich für eine kurze Zeitspanne nicht ändert, so kann aus dieser Verteilung die zeitliche Änderung Gitterpunkt für Gitterpunkt bestimmt werden. Aus der zeitlichen Änderung der meteorologischen Größen müssen dann die räumlichen Änderungen mit Hilfe der Modellgleichungen bestimmt werden. Die Schwierigkeit dabei ist, daß die Zeitspanne, für die dieses Verfahren gültig ist, bei einer räumlichen Gitterdistanz von wenigen hundert Kilometern (wie es den früher erwähnten 2000 Gitterpunkten auf der Hemisphäre entspricht) nur 5 bis 10 Minuten beträgt. Man kann also beim ersten Lösungsschritt nur vorausberechnen, was die Atmosphäre in den nächsten Minuten macht, dann muß man das ganze Verfahren mit den neuen, nun etwas abgeänderten Anfangswerten wiederholen, bis man zu einer 24stündigen oder 48stündigen Prognose kommt. Bei 5-Minuten-Zeitschritten muß man für eine 24stündige Prognose das Verfahren 288mal wiederholen — und dies für jeden Gitterpunkt und in mehreren (bis zu 6) Höhenschichten. Bedenkt man, daß die Zahl der Rechenoperationen pro Gitterpunkt für einen Zeitschritt bereits beträchtlich ist (ca. sieben relevante Größen müssen jeweils bestimmt werden), so kann man sich vorstellen, daß der Rechenaufwand wirklich gigantisch ist und den Einsatz der größten und leistungsfähigsten Rechenanlagen erfordert, vor allem weil die Rechenzeit nur einen Bruchteil des Prognosenzeitraumes ausmachen darf, soll der Wettlauf mit der Natur nicht verloren werden.

Abgesehen vom großen Aufwand haben die (leider notwendigen) numerischen Verfahren auch den Nachteil, daß sich bei jedem Rechenschritt Ungenauigkeiten einschleichen, die sich wegen der großen Zahl an Rechenoperationen so sehr aufschaukeln könnten, daß dann die Rechenergebnisse keinerlei Aussagekraft mehr hätten. Es mußten daher mathematische Methoden entwickelt werden, die zwar den Rechenaufwand erhöhen, aber sicherstellen, daß diese Fehler nicht unbegrenzt anwachsen können. Dennoch ist auch wegen dieser, den numerischen Lösungsverfahren anhaftenden Fehlern, eine Begrenzung des Prognosenzeitraumes erforderlich.

Die Ausgabe des Rechenergebnisses erfolgt jedenfalls für alle jene Gitterpunkte, die auch für die Anfangswerte herangezogen wurden. An den Punkten erhält man also prognostizierte Werte des Luftdrucks, der Temperatur, des Windes, der Feuchte, usw. Nun müssen diese „Vorhersagekarten" analysiert werden, was vollkommen automatisch aufgrund mathematischer Interpolationsverfahren mit Hilfe eines Zeichengerätes erfolgen kann, so daß dann die prognostizierte Karte den gewohnten Anblick einer Wetterkarte bietet.

Der Erfolg solcher numerischer Wetterprognosen ist sehr groß. Sie gehören heute zum festen Bestandteil jeder Wettervorhersage. Auch die kleineren Wetterdienste, die selbst über keine entsprechende Rechenanlage verfügen, erhalten durch Bildübertragungsgeräte Vorhersagekarten übermittelt, die sie dann ebenfalls für ihre Prognose verwenden können. Der erste Schritt zu einer objektiven, von menschlichen Fehlleistungen unabhängigen Vorhersagemethode ist damit getan, und die zukünftige Forschung wird den eingeschlagenen Weg weiter verfolgen.

Noch sind aber nicht alle Hindernisse aus dem Weg geräumt. In diesem Zusammenhang sei nur ein Problem hervorgehoben, das bei den numerischen Vorausberechnungen noch große Sorgen bereitet, nämlich die Frage, ob es mit den derzeit üblichen Modellen möglich ist, zyklonale Entwicklungen, also Neuentstehungen von Tiefdruckgebieten korrekt zu erfassen. Wir haben früher schon erfahren (Seite 107), daß solche Prozesse auf Instabilität zurückgeführt werden. Man ist nicht ganz sicher, ob es möglich ist, den genauen Zeitpunkt, zu dem ein atmosphärischer Grenzzustand instabil wird, vorauszuberechnen, und ob mit den verwendeten Modellen der Zustand nach einem „Kollaps des Stromfeldes", d. h. bei Überschreiten der Instabilitätsgrenze, überhaupt beschreibbar ist. Die Sache wäre nicht schlimm, wenn nicht gerade diese Instabilitäten einen integrierenden Bestandteil der atmosphärischen Zirkulation in den gemäßigten Breiten darstellten und zur Erhaltung der Energiebilanz unbedingt notwendig wären.

Schließlich wollen wir noch ein der numerischen Wettervorhersage verwandtes Problem behandeln, nämlich die Frage, wie mit Hilfe von mathematischen Simulationsmodellen natürliche und anthropogene Klimaänderungen vorausberechnet werden können. Seit langem wird in der Meteorologie neben dem aktuellen Wetter ein mittlerer Zustand betrachtet, der die Gesamtheit aller Wettererscheinungen an einem Ort, also das Klima, darstellen soll. Man bestimmt diesen mittleren Zustand dadurch, daß die meteorologischen Größen gemittelt, also etwa Tages- oder Jahresmittel gebildet werden. Dadurch werden die mit der Tages- oder Jahresperiode zusammenhängenden Schwankungen eliminiert. Treten Änderungen dieses mittleren Zustandes auf, so können sie nicht durch einen anderen Anfangszustand erklärt, sondern müssen als Folge von Änderungen bestimmter äußerer und innerer Parameter angesehen werden. Bei kurzfristigen Vorausberechnungen werden diese Parameter konstant gehalten. Als Beispiele für derartige Untersuchungen seien die Beeinflussung der Sonneneinstrahlung durch Änderung der Transparenz der Atmosphäre und die mögliche Veränderung der Randbedingungen an der Erdoberfläche durch natürliche oder von den Menschen verursachte Effekte genannt.

In den letzten Jahren wurden solche „klimatologische Simulationsmodelle" aufgestellt und praktisch erprobt. Trotz beachtlicher Erfolge ist es bisher nicht gelungen, eine vollkommen befriedigende Lösung der schwierigen Aufgabe zu finden. Dies hängt vor allem damit zusammen, daß in diese Modelle unbedingt auch die Wechselwirkung zwischen Atmosphäre und Ozean einbezogen werden muß, ein Prozeß, der bei kurzfristigen Vorausberechnungen entweder überhaupt vernachlässigt oder nur mit sehr vereinfachten Beziehungen berücksichtigt wird. Es ist also derzeit noch nicht möglich, genaue Vorhersagen, z. B. über die Auswirkung einer durch die Industrialisierung verursachten Zunahme des $CO_2$-Gehaltes der Atmosphäre auf das Weltklima zu machen. Es gibt auch noch keine vollkommen befriedigende Theorie der Eiszeiten und anderer natürlicher, großräumiger Klimaschwankungen. Die Modelle werden jedoch ständig verbessert, so daß in Zukunft noch wertvolle Ergebnisse zu erwarten sind.

Dem Meteorologen stehen, wie wir gesehen haben, im modernen Wetterdienst täglich die numerischen Vorhersagekarten zur Verfügung. Sie bilden neben der Wetterkarte der Ausgangssituation die Grundlage für die Prognose. Der Meteorologe muß die Vorhersagekarten im Hinblick auf den eigentlichen zu erwartenden Wetterablauf interpretieren. Wir haben in den Kapiteln über Wolken und Niederschlag, Luftmassen und Wetterfronten, Tief- und Hochdruckgebiete viel darüber erfahren, welches Wetter zu bestimmten Druck- und Luftmassenverteilungen gehört. Dieses ganze Wissen und noch viele Einzelheiten muß der Meteorologe immer gegenwärtig haben, um das Wetter prognostizieren zu können. Es ist verständlich, daß bei dieser noch sehr auf Empirie ausgerichteten Methode Fehler unvermeidlich sind, insbesondere dort, wo lokale Einflüsse auf das Wetter dominieren.

# 12. Die Ausbreitung von Schadstoffen in der Atmosphäre. Meteorologische Fragen der Luftreinhaltung

Durch die rasante Entwicklung der Industriestaaten und die zunehmende Technisierung sind gerade in letzter Zeit die Probleme der Umweltverschmutzung in den Vordergrund nationaler und internationaler Betrachtungen gerückt. Maßnahmen zur Verhinderung weiterer Belastung der Umwelt durch Schadstoffe aller Art sind das Gebot der Stunde. In diesem sehr umfangreichen Fragenkomplex spielen meteorologische Vorgänge eine dominierende Rolle, da die Ausbreitung von Schadstoffen in der Atmosphäre von der Wetterlage und den klimatologischen Verhältnissen des Standortes abhängt.

Das eigentliche meteorologische Problem behandelt die Frage, wie die Transmission eines Schadstoffes von einem vorgegebenen Emittenten (z. B. Schornstein einer Kraftwerksanlage) zu der durch Messungen feststellbaren Immission am Erdboden vor sich geht, d. h. welchen Gesetzmäßigkeiten dieser Vorgang unterliegt und in welcher Beziehung er zu verschiedenen Wettersituationen steht. In diesem Zusammenhang darf nicht übersehen werden, daß Emissionen nicht nur von industriellen Anlagen erfolgen, sondern z. B. auch der Hausbrand während der Heizperiode große Mengen von Schadstoffen in die Atmosphäre einbringt, und auch der Kraftwagenverkehr wesentlich zur Luftverschmutzung beiträgt. Da die Atmosphäre die ihr zugeführten Schadstoffe auf eine außerordentlich komplizierte Weise verfrachtet, ist es notwendig, mathematisch-physikalische Modelle aufzustellen, die unter Verwendung physikalischer Prinzipien den Vorgang der Transmission weitgehend simulieren, so daß dann Berechnungen der Immissionen aufgrund der Emissionsangaben ermöglicht werden. Ohne solche Modelle kann im allgemeinen keine eindeutige Aussage über die zu erwartende Auswirkung von Emittenten auf die Luftverschmutzung gemacht werden, ohne solche Modelle ist auch eine konsequente Anwendung des Verursacherprinzips, das darin besteht, daß für einen eventuellen Schaden der jeweilige Verursacher zur Rechenschaft gezogen wird, nicht anwendbar und schließlich kann ohne derartige Modelle keine verantwortungsbewußte Planung zur Vermeidung von Schadwirkungen bei neu zu errichtenden Emittenten durchgeführt werden. Die durch verschiedene Meßtechniken ermöglichte Verfolgung einer Schadgaswolke und die direkten Messungen der Immissionen können zur Überprüfung und Ergänzung der Simulationsmodelle herangezogen werden, diese aber nicht ersetzen.

Beim Zustandekommen der Transmission spielen zwei meteorologische Faktoren eine dominierende Rolle: das Windfeld und der Turbulenzgrad der strömenden Luft. Wäre nur das Windfeld allein für den Transport der Schadgasmenge verantwortlich, so könnten sehr einfache Modelle aufgestellt werden. Eine einem Luftquantum zugeführte Verunreinigung würde in diesem verbleiben und unsere Aufgabe bestünde lediglich darin, die Luftbahn (Trajektorie) zu ermitteln, bzw. vorauszuberechnen. In Wirklichkeit ist aber ein zusätzlicher Mechanismus am Werk, der als (turbulente) Diffusion bezeichnet wird. Infolge kleinräumiger, zeitlich und örtlich variierender Luftbewegungen diffundiert die Beimengung nach allen Seiten aus dem längs der Trajektorie sich verlagernden Luftvolumen heraus, wodurch sich erhebliche Unterschiede zu dem einfachen Translationstransport ergeben können. Der Turbulenzgrad der Luft hängt sowohl von der inneren Struktur (Windstärke, vertikale Temperaturschichtung) als auch von Randeffekten an der Erdoberfläche ab. Insbesondere sind die Einflüsse vom Rand im verbauten Gebiet zu berücksichtigen, was äußerst schwierig ist. Solche „Gebäudeeffekte" sind meist nur mittels empirisch gewonnener Beziehungen erfaßbar. Neben den rein meteorologischen Gegebenheiten beeinflussen noch andere Prozesse die Ausbreitung, wie photo- und physikalisch-chemische Reaktionen, Absorption und Sedimentation.

Um die Ausbreitung von Schadgaswolken unter dem Einfluß verschiedener Wetterlagen zu simulieren, werden die Ausbreitungsverhältnisse nach der vorherrschenden vertikalen Temperaturverteilung in einige Grundtypen (labile, neutrale und stabile Typen) zusammengefaßt. In der Abb. 33 sind solche Grundformen der Ausbreitung für eine Rauchfahne mit den üblichen englischen Bezeichnungen schematisch dargestellt. Während beim labilen Typ (a) die Rauchfahne stark mäandert, sehen

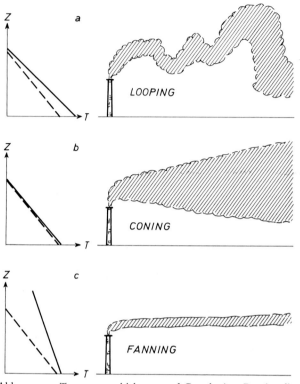

Abb. 33a—c. Temperaturschichtung und Gestalt einer Rauchwolke

wir im neutralen Fall (*b*) die typische kegelförmige Ausbreitung mit nahezu horizontaler Translationsachse und bei stabiler Temperaturschichtung (*c*) die stark konzentrierte schmale Fahne in nahezu konstanter Höhe. Die ausgezogenen Linien im Temperaturhöhendiagramm auf der linken Seite der Abbildungen stellen den vertikalen Temperaturverlauf dar, die strichlierten Linien zeigen zum Vergleich den sogenannten adiabatischen Temperaturgradienten (nämlich 1 Grad Temperaturabnahme pro 100 m). Bei labilen Verhältnissen ist die Atmosphäre „überadiabatisch" geschichtet, was starke thermische Konvektion (Haufenwolkenbildungen) bedeutet. Im neutralen Fall deckt sich die tatsächliche

Temperaturabnahme weitgehend mit der adiabatischen, im stabilen Fall ist sie geringer.

Es kann auch der Fall eintreten, daß in den unteren Luftschichten die Temperatur mit der Höhe zunimmt und zwar mitunter bis zu Höhen von mehreren hundert Metern. Eine solche Wetterlage wird als Temperaturumkehrlage oder Inversionslage bezeichnet. Sie ist für die Ausbreitung von Schadstoffen dann besonders interessant, wenn die Temperaturumkehr erst ab einer gewissen Höhe und nicht schon knapp über dem Erdboden einsetzt. Erfolgen nämlich die Emissionen unterhalb einer Inversionsschicht, so ist eine wesentliche Erhöhung der Immissionskonzentration festzustellen. Überragen andererseits die Schornsteine die Inversion, so kann die bodennahe Luftschicht von Verunreinigungen abgeschirmt werden.

Wird eine neue Industrieanlage in Betrieb genommen, so bestehen derzeit in den meisten Ländern strenge Vorschriften über Emissionsbeschränkungen und Schornsteinmindesthöhen, die eingehalten werden müssen, um die Umwelt in einem möglichst geringen Ausmaß zu belasten. Das meteorologische Problem besteht dabei darin, über die Ausbreitungsberechnungen hinaus, Immissionsklimatologien aufzustellen. Dabei werden für einen bestimmten Standort die meteorologischen Verhältnisse im Hinblick auf einen geplanten Emittenten untersucht, also beispielsweise die Häufigkeit der verschiedenen Ausbreitungstypen und Translationsgeschwindigkeiten, und auch die Häufigkeit der zu erwartenden Immissionskonzentrationen für vorgegebene Punkte in der Umgebung des Emittenten ermittelt. Man erkennt aus solchen Untersuchungen, wie verschieden die Atmosphäre bei gleicher Applikation von Schadstoffen in verschiedenen Gegenden reagiert. Dadurch können für geplante Emittenten die günstigsten Standorte ausgewählt werden.

Wesentlich komplizierter gestalten sich die Untersuchungen über die Immissionsverhältnisse ganzer Städte oder industrieller Ballungsgebiete. In den letzten Jahren wurden auch für solche Fälle Simulationsmodelle entworfen, die für eine gezielte Städteplanung bereits unentbehrliche Hilfe leisten. Zusammen mit einem entsprechenden Netz von Meßstellen kann dann auch ein meteorologischer Warndienst eingerichtet werden, der bei Auftreten kritischer Wetterlagen in Aktion tritt, so daß die verantwortlichen Stellen unter Umständen Emissionsbeschränkungen verfügen können. In diesem Zusammenhang muß allerdings erwähnt werden, daß der schwer zu beeinflussende Hausbrand als große „Flächenquelle" mit niedriger Emissionshöhe in vielen Fällen an stärkeren Immissionsbelastungen Schuld trägt. Um hier Abhilfe zu schaffen, müßte in viel größerem Umfang als bisher auf umweltfreundliche Energieformen wie Erdgas und Elektrizität übergegangen werden.

## 13. Wetter und Mensch. Probleme der Biometeorologie

Es unterliegt keinem Zweifel, daß das Wetter direkt und indirekt das organische Leben auf unserem Planeten beeinflußt. Die Zusammensetzung der Luft, insbesondere der Gehalt an Sauerstoff, die Einstrahlung der Sonne, das Vorhandensein von Wasser, das bei den auf der Erde herrschenden Temperaturen alle drei Aggregatzustände annehmen kann und die physikalischen Prozesse in der Atmosphäre, vor allem in den Schichten nahe der Erdoberfläche, schaffen jene Bedingungen, die das Leben auf der Erde überhaupt ermöglichen und die im weiteren für die Entwicklung der Organismen maßgebend sind. Dabei sind die Variationen dieser Bedingungen, die möglich sind, ohne die Existenz von Pflanzen, Tieren und Menschen in Frage zu stellen, außerordentlich groß, wie sowohl die großen Unterschiede der auf der Erde herrschenden Klimate, als auch die tages- und jahreszeitlichen Schwankungen der meteorologischen Elemente in einem vorgegebenen Klimagebiet zeigen.

Dementsprechend wird auch biometeorologisch ein Unterschied gemacht zwischen dem Einfluß des Klimas, also der Summe aller Wettererscheinungen, und jenem des Wetters, das von Tag zu Tag sehr variabel sein kann.

Sicherlich spielt das Klima als Umweltbedingung eine entscheidende Rolle für die Entwicklung gewisser Eigenheiten mancher Lebewesen, wie man vor allem bei den Pflanzen feststellen kann. Man spricht in diesem Zusammenhang von einem endogenen Rhythmus, der sozusagen die Visitenkarte ihres Herkunftsgebietes darstellt. Beispielsweise passen sich Pflanzen der ausgeprägten klimatischen Jahresperiode der gemäßigten Breiten durch einen biologischen Rhythmus an, der von der Blütenentwicklung im Frühjahr über die Reife und Fruchtbildung zum herbstlichen Blattabfall und zur Ruhepause im Winter führt. Bei Versetzung solcher Pflanzen in die Tropen stellt sich dieser Rhythmus um. Es sind Fälle bekannt, wo bei einer solchen Versetzung in ein extrem anderes Klimagebiet der endogene Rhythmus vollständig in Unordnung gerät und Bäume an einem Ast einen Blattabfall, am anderen eine Blütenpracht zeigen.

Bei den Tieren und den Menschen liegen die Verhältnisse im allgemeinen wesentlich komplizierter. Dennoch dürfte auch hier eine gewisse Bindung an das Klimagebiet bezüglich der Entwicklung verschiedener Funktionen und der Verhaltensweisen vorhanden sein. Daß ein Klimawechsel auch beim Menschen von Bedeutung sein kann, wird aus den Erfolgen von Kuraufenthalten in entsprechend verändertem Klima deutlich. In dieser Tatsache ist die Entwicklung einer eigenen Sparte der Klimatologie, der sogenannten Heilklimatologie, begründet.

Über den Einfluß des Klimas hinaus, ist deutlich ein Einfluß des Wetters auf den Menschen festzustellen. Sicherlich gewöhnt sich der Mensch an das Wetter seines Lebensraumes; so empfinden die Bewohner der gemäßigten Breiten das stark veränderliche Wetter als „Normalzustand". Dennoch wird immer wieder die Behauptung aufgestellt, daß gewisse Wetterlagen einen negativen Einfluß auf den Menschen ausüben, andere sich für Kranke und Gesunde als günstig erweisen. Wie sind nun solche Wirkungen des Wetters auf den Menschen wissenschaftlich zu erfassen?

Im allgemeinen wird so vorgegangen, daß von Meteorologen Informationen über bestimmte Wettererscheinungen und Phänomene zur Verfügung gestellt werden, während Biologen und Mediziner untersuchen, ob und in welchem Ausmaß biotrope Wirkungen beobachtet werden können. Da sowohl die Wettererscheinungen als auch der menschliche Organismus außerordentlich komplex sind, ist es trotz zahlreicher Untersuchungen noch nicht gelungen, die kausalen Zusammenhänge befriedigend zu klären. Man muß sich weitgehend mit statistischen Ergebnissen begnügen. Maßgebend für das Resultat solcher Untersuchungen ist die Auswahl geeigneter Parameter, sowohl von der Seite der Meteorologen als auch von jener der Mediziner.

Ein sehr erfolgversprechender Versuch, die Zusammenhänge zu erfassen, wenn auch nicht zu verstehen, scheint derjenige zu sein, der von UNGEHEUER und BRESZOWSKY 1965 in Deutschland vorgeschlagen und in letzter Zeit weiter ausgebaut wurde. Dabei wird von zwei Grundvorstellungen ausgegangen. Erstens werden Änderungen des physikochemischen Zustandes der Umwelt des Menschen, die durch atmosphärische Vorgänge bedingt sind, als biotrope Reize aufgefaßt. Der Schwerpunkt der Betrachtung liegt hier auf der Änderung eines Wetterzustandes und nicht auf dem Wetter selbst. Zweitens wird der Wetterablauf in unseren Breiten, der mehr oder weniger regelmäßig zwischen Hochdruck- und Tiefdrucklagen schwankt, in wenige Wetterphasen zusammengefaßt, die immer wieder der Reihe nach durchlaufen werden, wobei aber die Andauer der einzelnen Phasen sehr verschieden lang sein kann. Die Idee zu einer solchen Einteilung in Wetterphasen ist im übrigen nicht ganz neu. Schon FICKER hat in seinen klassischen Untersuchungen über Wetterentwicklungen in Mitteleuropa an Hand von Druck- und Temperaturänderungen an Tal- und Bergstationen ein solches Schema entworfen, das fast alle auftretenden Wettererscheinungen in wenige typische Klassen einordnet.

In der Abb. 34 sind in Anlehnung an UNGEHEUER und BRESZOWSKY 6 Wetterphasen, die als medizinisch-meteorologisches Arbeitsschema Verwendung finden können, übersichtlich dargestellt. Neben der Wettercharakteristik und der Wetterlage in allgemein verständlicher Bezeichnung finden sich Bemerkungen über die Dynamik, worunter hauptsächlich die aufsteigende und absinkende Luftbewegung verstanden wird, und die Beschreibung des Wetterbildes durch Skizzierung der Bewölkung. Da sich herausgestellt hat, daß der menschliche Organismus besonders auf Temperatur- und Feuchteänderungen reagiert, hat UNGEHEUER aus einer Kombination der 24stündigen Variation dieser beiden Größen ein Maß entwickelt, das er Temperatur-Feuchte-Milieu nennt und als Index jeder Wetterphase zuordnet. Man erkennt aus der Abb. 34, daß diese Größe bei Hochdrucklage einen Tagesgang aufweist, während sie bei den mehr zyklonalen Phasen ent-

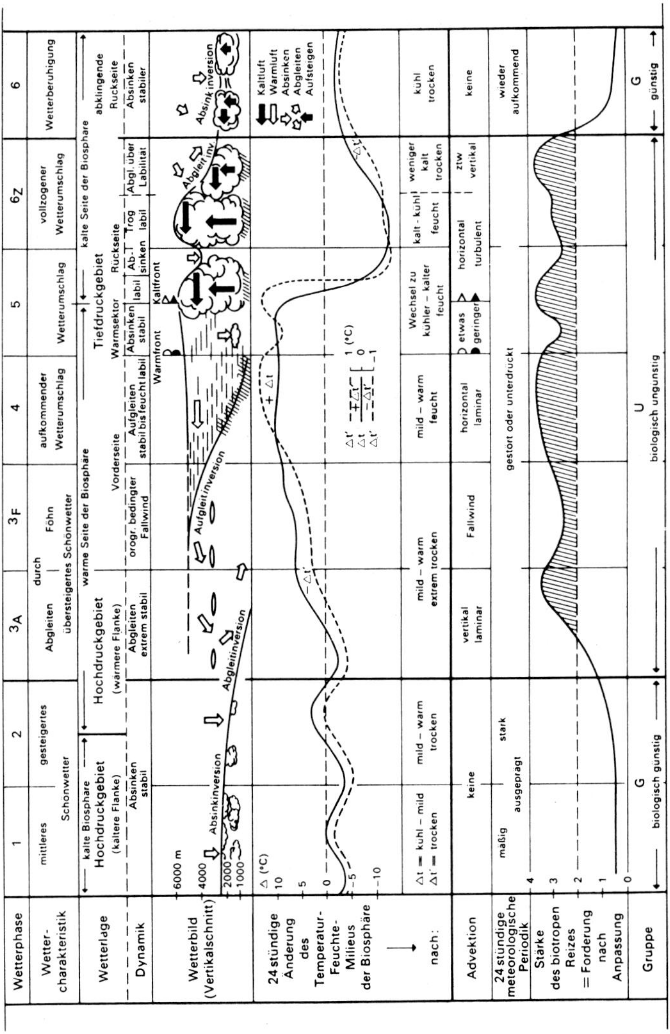

| Wetterphase | 1 | 2 | 3A | 3F | 4 | 5 | 6Z | 6 |
|---|---|---|---|---|---|---|---|---|
| Wettercharakteristik | mittleres Schonwetter | gesteigertes Schonwetter | Abgleiten durch übersteigertes Schonwetter | Föhn | aufkommender Wetterumschlag | Wetterumschlag | vollzogener Wetterumschlag | Wetterberuhigung |
| Wetterlage | kalte Biosphäre Hochdruckgebiet (kältere Flanke) | | Hochdruckgebiet (wärmere Flanke) | warme Seite der Biosphäre | Vorderseite | Tiefdruckgebiet Warmsektor | Rückseite | kalte Seite der Biosphäre |
| Dynamik | Absinken stabil | Absinken stabil | Abgleiten extrem stabil | orogr. bedingter Fallwind | Aufgleiten stabil bis feucht labil | Absinken stabil / Abl. labil / Kaltfront | Abgl. labil sinken labil / Abl. über Trog / Labilität | Kaltluft Warmluft Absinken Abgleiten Aufsteigen / abklingende Rückseite / Absinken stabiler |
| Wetterbild (Vertikalschnitt) | 6000 m / 4000 / 2000 / 1000 Absinkinversion | | | Aufgleitinversion | | | | |
| 24 stündige Änderung des Temperatur-Feuchte-Milieus der Biosphäre | Δt (°C) 10 / 5 / 0 / -5 / -10   Δt = kühl – mild Δf = trocken | mild – warm trocken | vertikal laminar / mild – warm extrem trocken | Fallwind / mild – warm extrem trocken | $\Delta t' = \mp \Delta t$ $\Delta t' = 0$ $\Delta t' = -1$ / mild – warm feucht | Warmfront / Wechsel zu kühler – kälter feucht | kalt – kühl feucht / wenger kalt trocken | kühl trocken |
| nach: Advektion | keine | stark | gestört oder unterdrückt | | | horizontal laminar | horizontal turbulent | etwas geringer / ztw. vertikal | keine |
| 24 stündige meteorologische Periodik | mäßig ausgeprägt | | | | | | | wieder aufkommend |
| Stärke des biotropen Reizes = Forderung nach Anpassung | 4 / 3 / 2 / 1 / 0 | | | | | | | |
| Gruppe | G biologisch günstig | | | | U biologisch ungünstig | | | G günstig |

Abb. 34. Medizinisch-meteorologisches Arbeitsschema nach UNGEHEUER und BRESZOWSKY

weder kontinuierlich zunehmende oder absteigende Tendenz zeigt. Beispielsweise bedeutet bei Wetterphase 4 der dort eingezeichnete Verlauf des Temperatur-Feuchte-Milieus: „Wärmer und feuchter als am Vortag". In den drei untersten Zeilen der Abbildung ist schließlich noch die relative Stärke der biotropen Reizwirkung, also des medizinisch feststellbaren Einflusses der Wetterphase angegeben.

Das Temperatur-Feuchte-Milieu ist bei weitem nicht das einzige aus meteorologischen Kenngrößen ableitbare Maß für Wettereinflüsse auf den menschlichen Organismus. Neben der Temperatur und der Feuchte spielen vor allem der Wind, die Luftdruckschwankungen und die Einstrahlungsverhältnisse eine große Rolle. Man hat versucht, diesem Umstand durch Einführung von sogenannten „Abkühlungsgrößen" oder „Behaglichkeitsindices" Rechnung zu tragen. Teilweise sind dabei schon recht komplizierte Formeln in Verwendung. Wir wollen hier aber nicht näher darauf eingehen.

Zahlreiche statistische Untersuchungen haben ergeben, daß vornehmlich die Wetterphase 4 (s. Abb. 34) sich biologisch ungünstig auswirkt. Hier zeigen vor allem Herz- und Kreislauferkrankungen einen kritischeren Verlauf als bei den anderen Phasen. Auch Blutdruckdepressionen bei Narkosen treten bei Phase 4 besonders häufig auf. Es ist zu hoffen, daß die intensive Zusammenarbeit zwischen Medizinern und Meteorologen weitere Erkenntnisse bringen wird, so daß das wetterbedingte Risiko bei verschiedenen Erkrankungen durch rechtzeitige Maßnahmen herabgesetzt werden kann. In diesem Sinn können dann auch meteorologische Prognosen für die medizinische Therapie von Bedeutung sein.

## 14. Beispiele von Wetterkarten

In den folgenden Wetterkarten sind Beispiele für ausgesuchte Wetterlagen gegeben. Die kurzen Beschreibungen mögen den Leser auf einige der wichtigsten und interessantesten Details aufmerksam machen. Sie sollen ihm auch vor Augen führen, wie schwierig oft die richtige Interpretation einer Wetterlage sein kann und wie viele Faktoren dabei zu berücksichtigen sind.

## Erläuterungen zu den Wetterkarten

Kaltfront  
Warmfront  
Okklusion

Die ausgezogenen Linien auf der Bodenwetterkarte bedeuten Linien gleichen Luftdruckes, bezogen auf das Meeresniveau (Isobaren). Die beigefügte Zahl gibt den Druck in Millibar (mb) an.

Die ausgezogenen Linien auf der Höhenwetterkarte bedeuten Linien gleicher geopotentieller Höhe der 300-mb-Fläche (Isohypsen). Die beigefügte Zahl gibt die Höhe in geopotentiellen Dekametern an. Diese Einheit entspricht in 45° Breite der geometrischen Höhe.

Die stark ausgezogenen Pfeile deuten die Lage des Jet-Streams an.

### Flutkatastrophe im norddeutschen Küstengebiet
(Wetterlage vom 13. 2. 1962; s. Abb. 35 u. 36)

Ein mächtiger Sturmwirbel, der die ganze Troposphäre durchsetzt, liegt am 13. 2. 1962 mit seinem Kern über der Ostsee. Der Druck im Zentrum des Tiefs beträgt 945 mb; ein Wert, der in

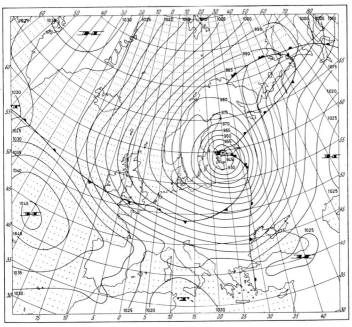

Abb. 35. Bodenwetterkarte vom 13. 2. 1962, 0 Uhr

Tiefdruckgebieten der außertropischen Breiten selten vorkommt. Während der vorangegangenen 24 Std. fiel der Luftdruck am Boden um 25 mb. Der Sturmwirbel bedeckt fast ganz Europa. An der Rückseite des Tiefs strömt maritime Polarluft mit Temperaturen um 2°C in den europäischen Kontinent ein. Die Tem-

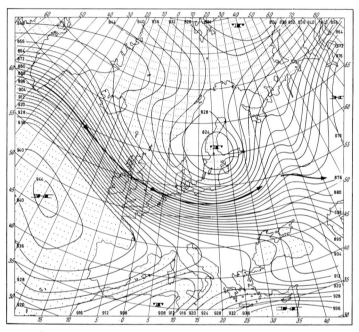

Abb. 36. Höhenwetterkarte (Topographie der 300-mb-Fläche) vom 13. 2. 1962, 0 Uhr

peratur im Warmsektor beträgt ca. 10°C. Das Frontensystem überquerte ziemlich rasch mit stürmischen Winden den Kontinent. Im Küstengebiet der Nordsee traten Winde auf, die Orkanstärke (d. s. mehr als 120 km/h) erreichten. Auch aus dem Binnenland wurde volle Sturmstärke gemeldet. Viele Stationen beobachteten Windgeschwindigkeiten von über 100 km/h. Die Höhenwetterkarte läßt eine Frontalzone erkennen, die von der Südspitze Grönlands bis Osteuropa reicht. Der meridionale Temperaturgradient in 1500 m Höhe ist in 20° W 29°C pro 30° Breite. Die Windgeschwindigkeit in der freien Atmosphäre war äußerst groß. Die Radiosonden der Wetterschiffe am Atlantik meldeten Maximalwerte bis zu 333 km/h. Der Jet-Stream ist sehr gut ausgebildet und läßt sich von der Ostküste Amerikas bis nach Osteuropa ohne

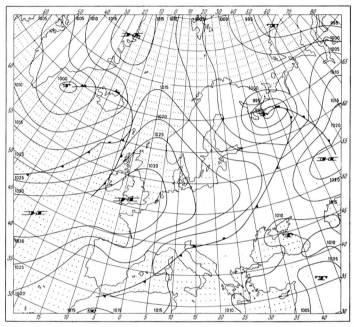

Abb. 37. Bodenwetterkarte vom 16. 8. 1966, 0 Uhr

Unterbrechung verfolgen. Die zyklonale Windscherung beträgt 38 km/h pro 100 km, die antizyklonale 28 km/h pro 100 km. Die Frontalzone verstärkt sich weiter, am 16. 2. 1962 wurden bereits 400 km/h gemessen, eine Windgeschwindigkeit, die in diesem Ausmaß auch in der freien Atmosphäre selten vorkommt. Die Wellenlänge der planetarischen Welle, die auf der Karte nur teilweise zu erkennen ist, erreicht in 50° Breite 90° (= 6400 km).

Diese Wetterlage mit den extrem starken Winden führte in der Folge (16./17. 2. 1962) in Hamburg zu einer Flutkatastrophe.

*Hochwasserlage* vom 16./17. 8. 1966 (s. Abb. 37—40)
Die hier wiedergegebene Wetterlage brachte eine katastrophale Hochwasserlage in Osttirol und Kärnten. Die Bodenwetterkarte zeigt am 16. 8. 1966 ein Hoch über dem Atlantik mit einem Ausläufer über Frankreich hinweg bis Mitteleuropa. Dieses Hoch hat

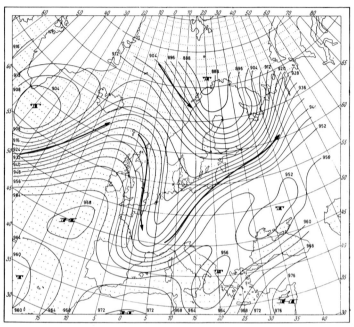

Abb. 38. Höhenwetterkarte (Topographie der 300-mb-Fläche) vom 16. 8. 1966, 0 Uhr

eine charakteristische Temperaturverteilung. Über dem Atlantik ist die Antizyklone warm mit Temperaturen um 22°C, während der mitteleuropäische Teil kalt ist. Die Temperaturen liegen dort um 12°C. Südlich dieses Hochs ist über Oberitalien eine Tiefdruckentwicklung (Zyklogenese) zu erkennen. Die Höhenwetterkarte vom 16. 8. 1966 zeigt einen markanten Trog über Mitteleuropa. Die planetarische Welle hat an dem betreffenden Tag in 60° N eine Wellenlänge von 65° (= 3600 km); in südlicheren Breiten ist die Wellenlänge kürzer. Sie beträgt in 50° Breite 45° (= 3200 km). Dadurch sind die Krümmungen der Stromlinien im letzteren Fall stärker. Der Grenzwert des antizyklonalen Krümmungsradius beträgt für den Hochdruckkeil nordwestlich von England bei den gegebenen Windverhältnissen (150 km/h)

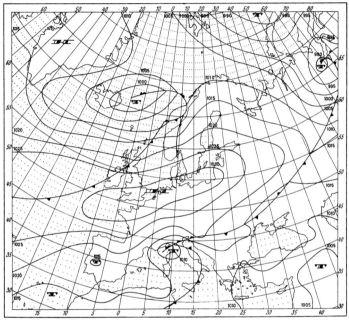

Abb. 39. Bodenwetterkarte vom 17. 8. 1966, 0 Uhr

700 km. Dieser Wert wird auch tatsächlich erreicht, die antizyklonale Krümmung kann also nicht mehr aufrechterhalten werden, und es muß ein Cut-off-Prozeß eintreten, der den südlichen Teil des Troges „abschnürt". Es kommt somit zur Ausbildung eines „Kaltlufttropfens" am 17. 8. 1966. Im Zusammenhang mit diesen Vorgängen in der Höhe wird die Tiefdruckentwicklung auch in Bodennähe südlich der Alpen verstärkt. Die Temperatur im Warmsektor beträgt 25°C. Das Tief ist in der Höhe verankert

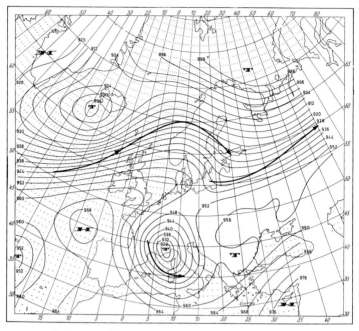

Abb. 40. Höhenwetterkarte (Topographie der 300-mb-Fläche) vom 17. 8. 1966, 0 Uhr

und kann nicht nach Osten abziehen. Die Folge waren lang anhaltende Niederschläge, die sich besonders in Kärnten und Osttirol katastrophal auswirkten. In Reisach fielen bereits am 16. 8. 1966 131 mm (d. s. 131 l/m²) Niederschlag, in Lienz am 17. 8. 1966 113 mm und in Dellach 120 mm. Während der Katastrophentage (15.—18. 8. 1966) wurden in Lienz 235 mm, in Dellach 299 mm und in Reisach 306 mm Niederschlag beobachtet. Zum Vergleich sei angegeben, daß die mittlere Niederschlagssumme für den ganzen Monat August für Lienz nur 107 mm beträgt.

Nach der Abspaltung des Höhentiefs verbleibt in den nördlichen Breiten eine zonal orientierte, leicht mäandernde Höhenströmung (geringe Amplitude, Wellenlänge in 60° Breite = 3600 km). Der Jet-Stream, der am 16. 8. 1966 über Westeuropa fast von Norden nach Süden gerichtet ist und über Mitteleuropa

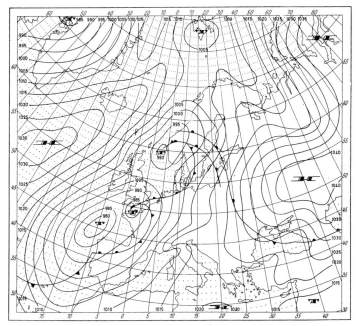

Abb. 41. Bodenwetterkarte vom 6. 11. 1966, 0 Uhr

eine südwestliche Richtung aufweist, findet sich nun in den nördlicheren Breiten. Nur ein „Rest" bleibt noch im westlichen Mittelmeerraum erhalten.

*Föhnlage* vom 6. 11. 1966 (s. Abb. 41 u. 42)

Ein kräftiger Tiefdruckwirbel im Raum der Biskaya, der bis in große Höhen reicht, verursacht gemeinsam mit einem ausgeprägten Hochdruckgebiet über Osteuropa eine großräumige Südwestströmung über Mitteleuropa. Der meridionale Temperaturgradient in 1500 m Höhe hat entlang des Meridians 10° W den Wert 17° C pro 30° Breite, entlang des Nullmeridians 13° C pro 30° Breite und entlang 10° E 9° C pro 30° Breite. An der Rückseite der Zyklone ist der meridionale Temperaturgradient fast doppelt so groß wie auf der Vorderseite. Der Jet-Stream ist in den nörd-

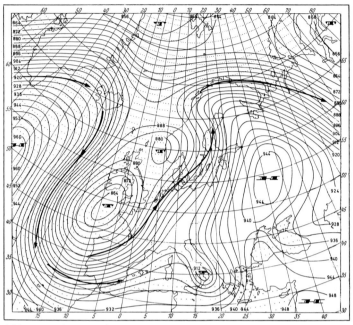

Abb. 42. Höhenwetterkarte (Topographie der 300-mb-Fläche) vom 6. 11. 1966, 0 Uhr

|  | Temperaturmaxima und relative Feuchte | | | Temperaturdifferenz |
|---|---|---|---|---|
|  | 5. 11. 1966 | 6. 11. 1966 | | |
| Bregenz   | 7° C  | 19° C | 36% | 12° C |
| Feldkirch | 12° C | 20° C | 38% | 8° C  |
| Innsbruck | 10° C | 13° C | 62% | 3° C  |
| Kufstein  | 10° C | 17° C | 38% | 7° C  |
| Salzburg  | 15° C | 21° C | 40% | 6° C  |
| Wien      | 15° C | 15° C | 59% | 0° C  |

lichen Breiten gut ausgebildet, läßt sich aber auch an der Rück- und Vorderseite der Zyklone gut verfolgen. An der Westküste Europas beträgt die zyklonale Scherung 26 km/h pro 100 km und die antizyklonale 14 km/h pro 100 km. Im Alpenbereich herrscht Föhnwetter. Der sogenannte Föhnkeil südlich des Alpen-

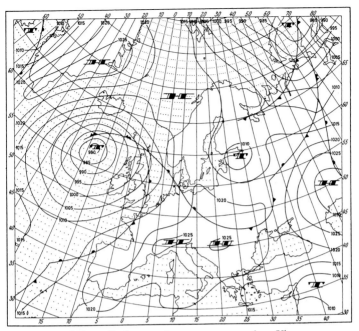

Abb. 43. Bodenwetterkarte vom 25. 9. 1967, 0 Uhr

hauptkammes kommt in der Bodenwetterkarte recht deutlich zum Vorschein. Die Bergstationen melden stürmische Süd- bis Südwestwinde: Zugspitze Südwind mit einer Windgeschwindigkeit von 72 km/h, Patscherkofel Südwestwind mit ebenfalls 72 km/h und der Sonnblick Südwestwind mit 90 km/h. Die Temperaturbeobachtungen, gemäß der Tabelle, vermitteln ein Bild über die Erwärmung der Luft durch den Föhn.

In Bregenz ist somit eine Temperaturerhöhung gegenüber dem Vortag um 12°C festzustellen. In Innsbruck ist der Föhn noch nicht bis zur Niederung durchgebrochen. Wien, außerhalb des Föhngebietes liegend, dient als Vergleichsstation. Die Temperaturverhältnisse bleiben hier an beiden Tagen völlig gleich.

Daß es sich bei der Erwärmung tatsächlich um eine Föhnwirkung handelt, geht aus den Feuchtewerten, die ebenfalls in der Tabelle angegeben sind, hervor. In Bregenz, Feldkirch, Kufstein

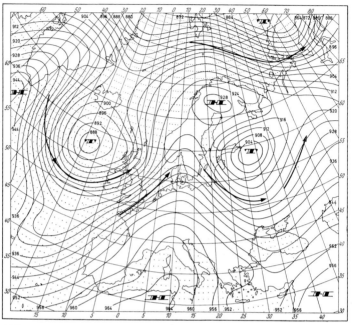

Abb. 44. Höhenwetterkarte (Topographie der 300-mb-Fläche) vom 25. 9. 1967, 0 Uhr

und Salzburg, also jenen Orten, an denen der Föhn sich bereits auswirkt, ist die relative Feuchte sehr niedrig, in Innsbruck und Wien dagegen noch hoch.

*Hochdrucklage* vom 25. 9. 1967 (s. Abb. 43 u. 44)

Ein kräftiges Hochdruckgebiet bedeckt ganz Mittel-, Süd- und Südosteuropa. Dieses Hoch tritt nicht nur auf der Bodenwetterkarte in Erscheinung, sondern reicht bis in große Höhen. Während es sich am Boden um ein abgeschlossenes Isobarenbild handelt, treten in der Höhe offene Wellen auf; d. h. das Hochdruckgebiet am Boden wird in der Höhe von einem Keil eines gut ausgeprägten planetarischen Wellensystems überlagert. In 40° Breite beträgt die Wellenlänge dieses Systems ungefähr 50° (= 4200 km). Der meridionale Temperaturgradient in 1500 m hat in 10° E den

Wert von 18°C pro 30° Breite. Bei dieser Hochdrucklage handelt es sich um ein warmes Hoch. An der Vorderseite des Tiefdruckgebietes südlich von Island wird mit südwestlichen Winden Warmluft herangeführt. Das Hochdruckgebiet ist — mit Ausnahme eines geringen Abschnittes im Nordosten — von einer einheitlichen Luftmasse (subtropische Warmluft) erfüllt. In weiten Teilen Mitteleuropas herrschte heiteres Wetter. Um 12 Uhr GMT meldeten:

| | | | |
|---|---|---|---|
| Wien, heiter 19°C | 203 m | Sonnblick, heiter 6°C | 3106 m |
| Innsbruck, heiter 23°C | 581 m | Patscherkofel, heiter 16°C | 2247 m |
| München, heiter 26°C | 528 m | Zugspitze, heiter 10°C | 2960 m |

Nicht nur die Bodenstationen, sondern auch die Bergstationen beobachteten durchwegs sommerliche Temperaturwerte. In der freien Atmosphäre wurden im Zentrum des Hochs in 5900 m noch die relativ hohe Temperatur von −10°C gemessen. Auch ein Zeichen, daß es sich hier um ein warmes Hoch handelt, das sich bis weit nach oben erstreckt.

# Sachverzeichnis

**A**bkühlung durch adiabatische Vorgänge 55 ff., 65, 121 ff.
— durch Ausstrahlung 67, 118
— durch Druckerniedrigung 65
— durch Kontakt 65
— durch Verdunstung 27
Abkühlungsgröße 144
Ablenkende Kraft der Erdrotation
→ Corioliskraft
Absorption der Sonnenstrahlung 26 ff.
Absorptionsbanden 26
Adiabatischer Prozeß 57, 121 ff.
Aitkenkerne 58 ff.
Albedoneutronen 21
Allgemeinzirkulation 44 ff., 94, 118
—, Experimente zur 50 ff.
Analyse → Fronten-, Luftmassen-,
Anfangsbedingung 131
Antipassat 46
Antizyklogenese 117
Antizyklone → Hochdruckgebiet
Arktikluft → Luftmassen
Atmosphäre, Aufbau der 13 ff.
—, Entstehung der 7
—, Masse der 8
—, Zusammensetzung der 7, 11, 16
Aufgleitwolken 70, 81
Auge des Sturmes 95, 98
Ausbreitung von Schadstoffen 136 ff.
Ausbreitungstypen 137 ff.
Ausstrahlung 26, 67
Available Potential Energy → Energie
Azorenhoch 119 ff.

**B**arometerkonstante 10, 12
Barometrische Höhenformel 10, 32, 107, 115, 130
Barometrische Tendenz 101, 117, 128
Behaglichkeitsindex 144
Berg- und Talwind 36
Bildmosaik 74

Biometeorologie 140 ff.
Biotroper Reiz 141 ff.
Blaufärbung des Himmels 24
Blitz 62, 68
Bora 123
Bremsstrahlung 22
Brightband-Echo 71

**C**hinook 123
Cold Wave 86
Corioliskraft 37 ff., 91 ff., 101 ff., 110, 116, 118
Cutoff-Prozeß 114, 149 → Kaltlufttropfen

**D**iffusion, turbulente 137
Dissoziation 22
Doppler-Radar 71
Dopplersches Prinzip 71
Druck → Luftdruck
Druckkraft 32 ff., 39 ff., 118
Drucktendenz → Barometrische Tendenz

**E**asterly Waves 94
Eigenschwingungen der Atmosphäre 89
Einstrahlung 19 ff.
Eisbildung, spontane 59 → Sublimation
Eiskristalle 59 ff.
Eiszeit, Theorie der 135
Elektrische Auflading 62
— Entladung → Blitz
Elektronenkonzentration 17
Emission 136 ff.
Emissionsbeschränkung 139 ff.
Endogener Rhythmus 140 ff.
Endstadium einer Zyklone 100, 104
Energie 18 ff., 131
—, available potential → verfügbare potentielle Energie
—, innere 35 ff., 56, 102, 105, 122

—, kinetische 35, 49ff., 98, 102, 105ff., 113, 131
—, potentielle 35ff., 102, 105ff., 113, 122
—, verfügbare potentielle 35, 108
Erwärmung, differentielle 31, 48
— durch Absorption 22
— durch adiabatische Vorgänge 55ff., 121ff.
— durch Konvektion und Turbulenz 27
— durch Leitung 27

Fallwind 123
Federwolken → Zirruswolken
Ferrel Zelle 48
Feuchtigkeit 2, 54ff., 123, 153ff.
—, relative 54ff.
Flächenquelle 140
Fliehkraft → Zentrifugalkraft
Föhn 121ff., 151ff.
Föhnkeil 124, 152
Föhnwellen und -wolken 89, 121
Front, Kalt- 79ff., 99ff., 145
—, Okklusions- 82, 101, 104, 145
—, Warm- 79ff., 99ff., 145
Frontalzone 76, 105
Frontenanalyse 82, 127
Frontgewitter 80

Gammastrahlung 22
Gasgleichung → Zustandsgleichung der Gase
Gaskonstante 8
Gebäudeeffekt 137
Gegenstrahlung 26, 28
Genuazyklone 105, 125
Geostationärer Satellit 74
Geothermische Tiefenstufe 18
Gewitter 68, 80
Gewitterwolken 66, 91
Glashauswirkung der Atmosphäre 26
Gradient → Luftdruckgradient
Graupeln 63, 80
Große Ionen → Ionen, große
Großwetterlage 110

Hagel 64, 80
Halley-Hadley-Zirkulation 46, 52
Haufenwolken → Kumuluswolken
Heilklimatologie 141
Heterosphäre 16

Hochdruckgebiet 41, 67, 154ff.
Hochdruckgürtel → Subtropenhoch
Hochnebel 70
Höhenströmung 100, 106
Höhentief 113ff.
Homosphäre 16
Hurrikan 93ff.
Hygrometer 54
Hygroskopische Kerne 59, 61, 63

Immission 136ff.
Immissionsklimatologie 139
Impfen von Wolken 77, 97
Indexzyklus 49
Innere Energie → Energie
Instabilität 102
—, hydrodynamische 49, 90, 94, 102ff., 107, 113, 116, 125, 134
—, thermische 68, 91ff., 137
Intertropische Konvergenzzone 45, 77, 94
Inversion 68, 139
ITC (Intertropical Convergence) → Intertropische Konvergenzzone
Ionen, große 59
Ionisation 22
Ionosphäre 17, 22
IR-Bild 72
Islandtief 75
Isobaren 39ff., 99, 114, 124, 127, 145ff.
Isohypsen 145ff.
Isothermie 15

Jetstream 47, 49, 52, 110ff., 118, 147, 150ff.

Kältewelle 84ff.
Kaltfront → Front
Kaltlufteinbruch 84ff.
Kaltluftmasse → Luftmasse
Kaltlufttropfen 114, 149
Keil 108ff.
Klima 134ff., 140ff.
— -änderung 134ff.
— -schwankung 135
Klimatologie 6, 141
Koagulation 61ff.
Kohlendioxid 26, 77
—, Absorptionsbanden des 25, 26
—, Gehalt an 8, 12, 135

157

Kompensierende Höhenströmung
  34, 37, 47
Kondensation 29, 58 ff., 93, 122, 131
Kondensationskerne 58 ff.
Kontinentale Luftmasse → Luftmasse
Konvektion 27
Konvergenzzone, intertropische
  → Intertropische, —
Kosmische Strahlung 20
Kumulonimbuswolken 80
Kumuluswolken 53, 62, 68 ff.

Lambertsches Kosinusgesetz 23
Landregen 82
Land- und Seewind 31 ff., 36, 66
Laser 71 ff.
Latente Wärme 29, 93, 98, 102, 107, 123
Leewellen 89, 122
Lentikulariswolken 89
Luftdichte 2
Luftdruck 2, 5, 9 ff.
— -abnahme mit der Höhe 10 ff.
— -gefälle 32 ff., 40 ff.
— -gradient 40 ff.
—, Reduktion des 9, 41
— -tendenz → Barometrische Tendenz
— -verteilung 43, 88 ff., 99, 127
Luftfeuchte → Feuchtigkeit
Lufthülle 7 ff.
Luftmasse 78 ff., 98, 114 ff., 127
—, arktische 85
—, Kalt- 78 ff., 102
—, kontinentale 85
—, maritime 85
—, polare 102, 146
—, subtropische 102, 155
—, tropische 86
—, Warm- 78 ff., 102
Luftmassenanalyse 82, 104, 127
Luftmassengrenze 78 ff., 114
Luftmassenklassifikation 86
Luftströmung, Entstehung der 31 ff.
Lufttemperatur → Temperatur

Magnetfeld der Erde 21
Margules, Satz von 36
Maritime Luft — Luftmasse
Mathematische Wettervorhersage
  → numerische Wettervorhersage

Meeresströmung 30
Mesopause 15
Mesosphäre 15, 22
Meßgenauigkeit 6
Meteorologische Elemente 2, 6
Meteorologischer Lärm 130
Millibar 10
Mischungsprozeß 50, 113
Mittelung 6
Monsun 36 ff., 45, 66, 119

Nachthimmelsleuchten 18
Nebel 56 ff., 65
—, Boden- 65, 68
—, Hoch- 70
—, Mischungs- 65
—, Strahlungs- 65, 118
Newton 9
Niederschlag 53 ff., 61 ff., 79
Niederschlagsbildung 61 ff.
—, künstliche 77, 97
Niederschlagsgebiete 83
Nieseln 65
Nordföhn 123
Normalatmosphäre 10
Numerische Analyse 127
— Prognose 133
— Rechenverfahren 132 ff.

Okklusion → Front
Orographie, Einfluß auf das Wetter
  84, 105, 119 ff., 121 ff.
Ozon, Absorptionsbanden von 12, 25
—, Bildung von 22
—, Gestalt an 8, 12

Passatwind 45, 94, 96, 124
Perlmutterwolken 14
Plasma 21
Polare Tiefdruckrinne 45 ff.
Polarfront 84 ff., 88, 102, 112
Polarfronttheorie 102 ff., 125
Polarjet 112 ff.
Polarlicht 18
Potentielle Energie → Energie
Project „Stormfury" 97

Quellwolken → Thermikwolken

Radar 70 ff.
Radiosonde 4, 82

Randbedingung 3, 131 ff.
Reduzierung des Luftdrucks 9, 41
— der Temperatur 79
Reflexion der Kurzwellen 16
— der Schallwellen 15
— der Sonnenstrahlung 24 ff.
Regen → Niederschlag
Regenschauer 81
Regentropfen 61, 64
Reibungskraft 39, 42, 131
Reif 57, 131
Relative Feuchte → Feuchtigkeit
Rossby Parameter 110
Rückläufigkeit von Zyklonen 100
Rückseitenwetter 81

Satellitenbild 72 ff., 82
Sättigung → Sättigungsdampfdruck
Sättigungsdampfdruck 27, 54 ff., 62
Scherung 103 ff.
—, antizyklonale 103, 147 ff.
—, horizontale 111
—, vertikale 106 ff.
—, zyklonale 103, 147 ff.
Schichtung, thermische 138
—, adiabatische 138
—, feuchtlabile 68
—, labile 68, 137
—, neutrale 138
—, stabile 138
Schichtwolken → Stratuswolken
Schmelzwärme 30
Schmelzzone 71
Schneefelder 74 ff.
Schneekristalle 60 ff., 67
Schornsteinmindesthöhe 139
Schwerpunkt der Luftsäule 36
Sedimentationsgleichgewicht 11
Sekundärtief 104 ff.
Silberjodid 77, 97 ff.
Solarkonstante 19
Sonnenfackeln 21
Sonnenstrahlung, Intensität der 23
—, Schwächung der 24 ff.
Sonnenwind 21
Spiralstruktur 42, 74 ff., 96, 98, 114
Sprühregen → Nieseln
Starkwindband → Jetstream
Stauniederschlag 123
Steuerung 105 ff.
Strahlstrom → Jetstream
Strahlungsbilanz 26 ff.

Strahlungstemperatur 19, 26
Stratopause 15
Stratosphäre 14, 86
Stratosphärische Kompensation 14, 116
Stratuswolken 69 ff.
Streuung 24
Sublimation 58 ff., 67
Sublimationskerne 59
Subtropenhoch 45 ff., 77, 86, 112, 118
Subtropenjet 112 ff.
Synoptische Regeln 128

Taifun 93
Tau 57, 131
Taupunkt 54
Temperatur 2
— -abnahme mit der Höhe 12 ff., 115, 124
—, absolute 8
—, geographische Verteilung der 14 ff.
—, Reduzierung der 79
—, thermodynamische 16
Temperatur-Feuchte-Milieu 142 ff.
Temperaturgefälle, horizontales 102, 106, 114
Temperaturinversion 68, 139
Thermikwolken 66, 68 ff., 118
Thermopause 16
Thermosphäre 15
Tiefdruckgebiet 41 ff., 67, 74 ff., 98 ff.
Tiefdruckrinne, polare 45 ff.
Tornado 91 ff., 107, 110
Trajektorie 137
Transmission 136 ff.
Trefferwahrscheinlichkeit 128
Trog 108 ff., 117
Tromben 90 ff.
Tropfengröße 61 ff.
Tropische Zyklone → Zyklone, tropische
Tropopause 14
Troposphäre 13, 86 ff., 100, 105
Turbulenz 27, 137 ff.
TV-Bild 72

Übersättigung 58 ff.
Ultraviolettstrahlung 22
Unterkühlte Tropfen 67
Unterkühltes Wasser 61 ff., 67

Van Allen-Strahlungsgürtel 22
Verdampfungswärme → Verdunstungswärme
Verdunstungswärme 27ff., 57, 131
Verfügbare potentielle Energie → Energie
Vertikalbewegung 52ff., 66ff., 79, 99ff., 114, 118, 121ff.
Verursacherprinzip 136
Vorhersagekarte 127, 133ff.

Wärmeausgleich 30
Wärmebilanz 28ff.
Wärme, latente → Latente Wärme
Wärmegewitter 68
Wärmestrahlung 20
Warmfront → Front
Warmsektor einer Zyklone 99, 101, 104, 146ff.
Wasserdampf, Absorptionsbanden des 25ff.
—, Gehalt an 8, 53
—, Verflüssigung des 54ff.
Wasserhose 90
Wasserkreislauf 53ff.
Wellen 84ff., 87ff.
—, Druck- 48ff., 88ff., 106, 115, 117, 128
—, Föhn- 89
—, Instabilität von → Instabilität, hydrodynamische
—, Lee- 89, 122
—, planetarische 52, 107, 109ff., 115, 117, 119ff., 147ff.
—, Schwere- 89
—, Zyklonen- 113
Wellenbildung an der Polarfront 84ff.
Westwindband 46, 50
Wetter
— -karte 125ff., 145ff.
— -phase 142ff.
— -satelliten 72ff.
— -scheide 123
— -schiff 128
— -vorhersage 125ff.
Windhose 90

Windscherung → Scherung
Windsprung 83, 103
Windvektor 2
Windzunahme mit der Höhe 48, 106
Wirbel 87ff.
—, antizyklonaler 90
—, zyklonaler 90
Wirbelsturm 87ff. → Zyklone, tropische
Wolken 57ff.
— -arten 69
—, Aufgleit- 70, 81
— -auflösung 67, 114
— -bänder 76
— -bildung 68ff., 79
—, Feder- → Zirrus
—, Föhn- 89, 121
—, Haufen- → Kumulus-
—, Kumulonimbus- 80
—, Kumulus- 53, 62, 68ff.
—, Lentikularis- 89
—, Perlmutter- 14
—, Quell- → Thermikwolken
—, Schicht- → Stratus-
—, Stratus- 69ff.
—, Thermik- 66, 68ff., 118
— -tropfen 64
—, Zirrus- 69ff., 80, 112

Zentrifugalkraft 9, 37ff., 116, 118
Zirkulationssatz nach Sandström 34
Zirruswolken 69ff., 80, 112
Zugbahn 100, 104
Zustandsgleichung der Gase 8, 130
Zwischenhoch 93, 115, 117
Zyklogenese 101, 107, 112ff., 124ff., 134, 148
Zyklone der mittleren Breite → Tiefdruckgebiet
Zyklonen, tropische 72, 93ff., 107, 110
— -bahnen 100, 104
— -entstehung → Zyklogenese
— -familien 104
— -theorie 102, 106, 108, 125
Zyklonenwellen → Wellen

# Verständliche Wissenschaft

Herausgeber: K. v. Frisch

Band 95: A. Krebs
**Strahlenbiologie**
58 Abbildungen. VIII, 127 Seiten. 1968
DM 12,–; US $ 5.30
ISBN 3-540-04376-4

Band 96: W. Schwenke
**Zwischen Gift und Hunger**
Schädlingsbekämpfung gestern, heute und morgen.
46 Abbildungen. VIII, 131 Seiten. 1968
DM 12,–; US $ 5.30
ISBN 3-540-04377-2

Band 97: K. L. Wolf
**Tropfen, Blasen und Lamellen oder Von den Formen flüssiger Körper**
79 Abbildungen. V, 84 Seiten. 1968
DM 12,–; US $ 5.30
ISBN 3-540-04378-0

Band 98: H. W. Franke
**Methoden der Geochronologie**
Die Suche nach den Daten der Erdgeschichte
73 Abbildungen. VIII, 132 Seiten. 1969
DM 12,–; US $ 5.30
ISBN 3-540-04745-X

Band 99: H. Wagner
**Rauschgift-Drogen**
2. Auflage. 55 Abbildungen. VII, 142 Seiten. 1970
DM 12,–; US $ 5.30
ISBN 3-540-05028-0

Band 100: E. Otto
**Wesen und Wandel der ägyptischen Kultur**
VII, 162 Seiten. 1969
DM 12,–; US $ 5.30
ISBN 3-540-04746-8

Band 101: F. Link
**Der Mond**
55 Abbildungen. VIII, 94 Seiten. 1969
DM 12,–; US $ 5.30
ISBN 3-540-04747-6

Band 102: G.-M. Schwab
**Was ist physikalische Chemie?**
Wärme, Strom, Licht und Stoff
12 Abbildungen. VII, 94 Seiten. 1969
DM 12,–; US $ 5.30
ISBN 3-540-04748-4

Band 103: H. Donner
**Herrschergestalten in Israel**
6 Abbildungen. XI, 123 Seiten. 1970
DM 12,–; US $ 5.30
ISBN 3-540-05029-9

Band 104: G. Thielcke
**Vogelstimmen**
95 Abbildungen. VIII, 156 Seiten. 1970
DM 12,–; US $ 5.30
ISBN 3-540-05030-2

Band 105: G. Lanczkowski
**Aztekische Sprache und Überlieferung**
28 Abbildungen. V, 109 Seiten. 1970
DM 12,–; US $ 5.30
ISBN 3-540-05031-0

Band 106: R. Müller
**Der Himmel über dem Menschen der Steinzeit**
Astronomie und Mathematik in den Bauten der Megalithkulturen.
79 Abbildungen. VIII, 153 Seiten. 1970
DM 12,–; US $ 5.30
ISBN 3-540-05032-9

Band 107: W. Braunbek
**Einführung in die Physik und Technik der Halbleiter**
66 Abbildungen. VII, 108 Seiten. 1970
DM 12,–; US $ 5.30
ISBN 3-540-05033-7

Band 108: E. R. Reiter
**Strahlströme**
Ihr Einfluß auf das Wetter
78 Abbildungen, 12 Tafeln. X, 196 Seiten. 1970
DM 12,–; US $ 5.30
ISBN 3-540-05034-5

Band 109: W. E. Kock
**Schallwellen und Lichtwellen**
Die Grundlagen der Wellenbewegung
Übersetzer: H. D. Bohnen
100 Abbildungen. XII, 132 Seiten. 1971
DM 12,–; US $ 5.30
ISBN 3-540-05358-1

Band 110: R. Müller
**Sonne, Mond und Sterne über dem Reich der Inka**
36 Abbildungen. VIII, 85 Seiten. 1972
DM 12,–; US $ 5.30
ISBN 3-540-05774-9

Band 111: S. Flügge
**Wege und Ziele der Physik**
27 Abbildungen. VIII, 135 Seiten. 1974
DM 12,–; US $ 5.30
ISBN 3-540-06588-1

Band 112: W. E. Kock
**Schall – sichtbar gemacht**
Übersetzer: H. D. Bohnen
94 Abbildungen. VIII, 108 Seiten. 1974
DM 12,–; US $ 5.30
ISBN 3-540-06629-2

Band 113: B. Karlgren
**Schrift und Sprache der Chinesen**
Übersetzt und bearbeitet von U. Klodt
12 Abbildungen. X, 119 Seiten. 1975
DM 12,–; US $ 5.30
ISBN 3-540-07108-3

Band 114: E. Thenius
**Meere und Länder im Wechsel der Zeiten**
Die Paläogeographie als Grundlage für die Biogeographie
74 Abbildungen, 1 Tabelle. X, 200 Seiten. 1977
DM 12,–; US $ 5.30
ISBN 3-540-08208-5

Preisänderungen vorbehalten

**Springer-Verlag**
**Berlin Heidelberg NewYork**